Kindergeburtstage

D1933973

Reibstein

Gisela und Gerhard Zimmermann

Kindergeburtstage

die keiner vergißt

Planung · Gestaltung · Spielvorschläge

FALKEN

Im FALKEN Verlag sind weitere interessante Bücher für Kinder erschienen. Sehen Sie dazu die Titel auf Seite 103/104 oder fragen Sie Ihren Buchhändler.

In Erinnerung an unseren Sohn Christian,
der sich so herzlich freuen konnte.
Unseren Kindern Annette, Cornelia und Renate Katrin
sowie unserem Patenkind Esther Blaurock.

Umweltfreundliches Papier,
hergestellt aus chlorfrei gebleichtem Zellstoff

ISBN 3 8068 0698 5

© 1992 by Falken-Verlag GmbH, 6272 Niedernhausen/Ts.
Die Verwertung der Texte und Bilder, auch auszugsweise, ist ohne Zustimmung des Verlags urheberrechtswidrig und strafbar. Dies gilt auch für Vervielfältigungen, Übersetzungen, Mikroverfilmung und für die Verarbeitung mit elektronischen Systemen.
Umschlaggestaltung: Zembsch' Werkstatt, München
Titelbild: B. D. Schmerl, Wiesbaden
Zeichnungen: Martina Wink
Die Ratschläge in diesem Buch sind von den Autoren und vom Verlag sorgfältig erwogen und geprüft, dennoch kann eine Garantie nicht übernommen werden. Eine Haftung der Autoren bzw. des Verlags und seiner Beauftragten für Personen-, Sach- und Vermögensschäden ist ausgeschlossen.
Satz: LibroSatz, Kriftel bei Frankfurt
Druck: Neuwieder Verlagsgesellschaft mbH, Neuwied

10069884X161 514 131 211 10

Inhalt

Was machen wir nur, wenn Micha Geburtstag hat? 6

Bausteine, die zum Gelingen beitragen 7

Wegweiser durch das Buch 9

Heut' lassen wir die Puppen tanzen 10

Eine aufgeblasene Gesellschaft 23

Manege frei zum Zirkusfest 31

Der Schatz vom Silbersee 43

Jetzt geht es rund 52

Traumreise 61

Der Postraub 72

Es weihnachtet sehr 80

Das Rad der Zeit 91

Eine kleine Ideensammlung 100

Soviel Aufwand für einen Tag? 102

Was machen wir nur, wenn Micha Geburtstag hat?

Kinder stehen gerne im Mittelpunkt. Der Geburtstag ist ein guter Anlaß, diesem Bedürfnis einmal nachzugehen. Es ist von bleibendem Wert, Kindern in jedem Lebensalter schöne, persönlich gestaltete Feste zu ermöglichen. Dazu gehört es auch, sich Freunde auszuwählen und einzuladen.

Wie aber läßt sich die Planung eines Kindergeburtstages bewältigen, wenn die Mutter berufstätig oder der Vater häufig unterwegs ist?

Allen, die zu ihren eigenen Ideen noch andere hinzunehmen wollen, vor allem aber denjenigen, denen es an Ideen fehlt, die wenig Zeit haben und dennoch einen unvergeßlichen Geburtstag gestalten möchten, ist dieses Buch gewidmet.

Die Geburtstagsvorschläge sind thematisch aufgebaut, weil Kinder zwischen fünf und dreizehn Jahren völlig verschiedene Interessen haben: Die Kleinen freuen sich, wenn ihre Puppen und Lieblingstiere geehrt werden, die Größeren identifizieren sich mit Indianern, Cowboys, Detektiven und Erfindern. Für Reisen und sportliche Spiele sind die meisten Jungen und Mädchen zu haben.

Die Geschenkideen, als Anregungen für Eltern, Geschwister, Onkel, Tanten usw. gedacht, beziehen sich immer auf das Thema der Geburtstagsfeier.

Wenn auch bei den einzelnen Vorschlägen jeweils an eine bestimmte Altersgruppe gedacht wurde, lassen sich dennoch durch Abwandlung des Schwierigkeitsgrades viele Anregungen austauschen. Selbstverständlich sind diese Vorschläge, auch über Kindergeburtstage hinaus, für viele andere Anlässe, in Jugendgruppen, Schulklassen oder bei Straßenfesten verwendbar.

Das größte Geschenk mit der stärksten Wirkung und dem höchsten Erinnerungswert ist aber sicherlich, wenn Eltern die Geburtstagsfeier mit ihrem Kind zusammen planen und gestalten.

Viele Ideen haben wir selbst anderen zu verdanken; gerne erwähnen wir Frau Karin Giel und Frau Erika Sidon, die sich sehr anregend beteiligt haben.

Wir wünschen allen, die einen Kindergeburtstag gestalten möchten, bei der Vorbereitung und Durchführung so viel Freude, wie wir sie mit unseren eigenen Kindern erlebt haben.

Viel Vergnügen!

Gisela und Gerhard Zimmermann

Bausteine, die zum Gelingen beitragen

RECHTZEITIG PLANEN

Schon bei der Vorbereitung auf das Geburtstagsfest können Eltern und Kinder viel Spaß haben, wenn Ideen gesammelt, Tischschmuck gebastelt, Spiele ausgedacht und Dekorationen für Zimmer und Garten zusammengestellt werden. Das sollten Sie aber nicht bis zur letzten Minute aufschieben, denn die Vorfreude auf die Kinderparty soll ja schließlich nicht zu kurz kommen.

GEMEINSAM VORBEREITEN

Natürlich wird die Hauptarbeit der Geburtstagsvorbereitung bei den Eltern liegen; aber gerade hier gilt: »Geteilte Arbeit ist halbe Arbeit, und geteilte Freude ist doppelte Freude!«

Nicht nur das Geburtstagskind, sondern auch alle anderen Familienangehörigen sollten sich nach Kräften an der Vorbereitung des Festes beteiligen und so den Kindergeburtstag zu einem Höhepunkt in der Familie werden lassen.

ZUSAMMEN SPIELEN

In der Kleinfamilie ergeben sich immer weniger Anlässe, gemeinsam mit Eltern, Geschwistern und Freunden in großer Runde zu spielen. Die Spielvorschläge berücksichtigen deshalb besonders den Wunsch der Kinder, einmal etwas im größeren Kreis zu unternehmen. Dabei kommen vor allem altersgemäße Wettspiele und gemeinsame Aufgaben vor. Es sollte aber bei all diesen Spielen weniger auf den persönlichen Ehrgeiz und den Sieg als vielmehr auf das Gruppenerlebnis und die gemeinsame Freude ankommen.

BEWEGLICH SEIN

Die Feiervorschläge in diesem Buch sind so angelegt, daß sie zum großen Teil sowohl in der Wohnung als auch im Freien durchgeführt werden können. Welche Lösung vorzuziehen ist, hängt von der jeweiligen Wohnsituation, der Jahreszeit und dem Wetter ab.

Hier heißt es, sich anzupassen: Lieber sollte einmal auf eine Kaffeetafel verzichtet werden, damit der vorhandene Raum zum Spielen zur Verfügung steht. Besonders lebhafte Spiele sollten besser im Freien stattfinden, um die Mitbewohner nicht zu stören.

KLEINE GESCHENKE

Es hat sich eingebürgert, bei Geburtstagen für Spiele und Wettbewerbe Preise und Belohnungen zu verteilen. Es empfiehlt sich, für jedes Kind ein Tütchen zurechtzulegen, das mit seinem Namen versehen ist, und in das es während der Feier seine Gewinne, Preise und Süßigkeiten füllen kann.

Es lassen sich eine Menge Preise zusammenstellen, die wenig oder nichts kosten und den Kindern trotzdem Freude machen. Eine große Hilfe ist es, wenn man eine Kiste bereitstellt, in der das ganze Jahr über nette Kleinigkeiten, die sich als Belohnung anbieten, gesammelt werden. So wird die Frage der Preisverteilung bestimmt kein Problem.

DAS LEIBLICHE WOHL

Das Essen ist sicherlich nicht der wichtigste Teil der Geburtstagsfeier, aber Spielen macht hungrig. Groß wird die Freude sein, wenn Sie die Lieblingsspeisen der Kinder servieren; ein besonders zubereitetes Essen wird auch schon von kleinen Kindern anerkannt.

Das Buch enthält nur Speisevorschläge, die einen Bezug zum jeweiligen Thema haben. Dabei haben wir uns in der Regel auf Anregungen beschränkt; die jeweiligen Rezepte findet man in jedem Kochbuch.

ALTERNATIVEN

Natürlich gibt es ungezählte andere Gestaltungsmöglichkeiten. Sie sind hier nicht aufgeführt, weil sie den Rahmen unseres Buches sprengen würden. Wenn Platz und Zeit für einen Kindergeburtstag daheim nicht ausreichen, sollte kurzerhand ein interessantes Ziel außerhalb der Wohnung angesteuert werden: das Schwimmbad, der Zoo, eine Ausstellung im Museum – oder was sich sonst so anbietet.

Wegweiser durch das Buch

Um die Planung und Durchführung der Geburtstage zu erleichtern, haben wir die einzelnen Kapitel immer nach dem gleichen Schema aufgebaut:

Einladung

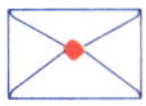

Neben diesem Zeichen finden Sie unter dem Stichwort »Einladung« Ideen und Bastelvorschläge für originelle Einladungskarten.

Planung

Unter dieser Überschrift sind alle Dinge zusammengefaßt, die Sie bei der Planung des Geburtstages berücksichtigen müssen. Hier ist zusammengestellt, was vorher besorgt, organisiert oder gebastelt werden muß. Es gibt aber auch Hinweise darauf, wie Bastel- und Spielphasen am günstigsten verteilt werden können.

Dekoration

Ist für die Geburtstagsfeier eine besondere Dekoration vorgesehen, finden Sie Ideen und Anregungen dazu unter diesem Zeichen.

Spielvorschläge

In diesem Abschnitt finden Sie alle Spiel- und Bastelvorschläge, die während der Feier vorgesehen sind. Selbstverständlich lassen sich viele der unter dem einen Thema vorgeschlagenen Spiele auch für jeden anderen Geburtstag verwenden. Welche Spiele Sie unter welchem Motto zusammenstellen, bleibt also ganz Ihnen überlassen.

Speisevorschläge

Hier werden jeweils Speisevorschläge für die Kaffeetafel und das Abendbrot vorgestellt.

Geschenktips

Unter dieser Überschrift sind Tips für themenbezogene Geschenke zu finden. Die Liste erhebt dabei keinen Anspruch auf Vollständigkeit, sondern ist eher als Anregung zu verstehen, was an themenbezogenen Geschenken möglich ist.

Vorlesegeschichten

Falls im Rahmen der Geburtstagsfeier eine Geschichte vorgelesen oder ein Theaterstück aufgeführt werden soll, finden Sie den Text dazu unter diesem Stichwort.

Heut' lassen wir die Puppen tanzen

Für Kinder im Alter von vier bis sechs Jahren spielt die Lieblingspuppe, der Teddybär oder ein anderes Spieltier eine große Rolle. Ganz wie sie es bei den Erwachsenen gesehen haben, umsorgen, »erziehen« und lieben sie ihre Puppen und nehmen sie, wenn möglich, überall hin mit. Es liegt deshalb nahe, die Puppen oder Lieblingstiere der Kinder zur Geburtstagsfeier mit einzuladen.

Auf dem weißen (oder farbigen) Papier, das auf die Rückseite des Puppenhauses geklebt wurde, steht der Einladungstext.

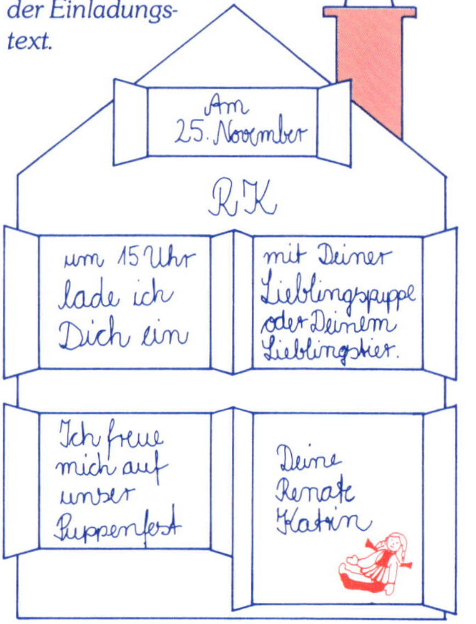

Das Puppenhaus aus Karton zuschneiden. Die punktierten Linien einritzen, damit die Fenster und die Tür geöffnet werden können.

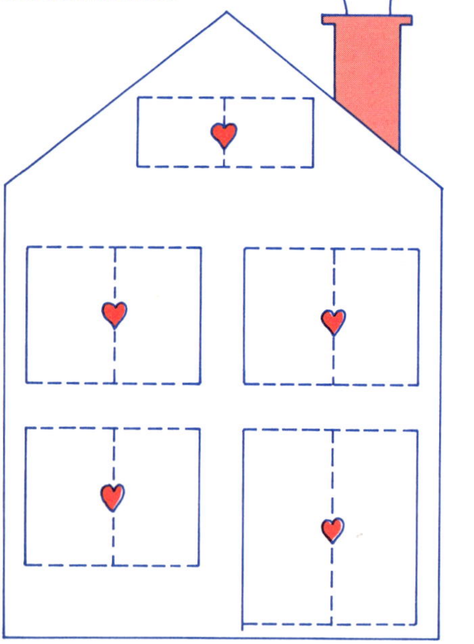

Einladung

Als Einladungen zum Puppenfest eignen sich kleine Puppenhäuser, die voller Geheimnisse stecken.

Auf farbigen Karton (z. B. ausgediente Aktendeckel) werden zunächst die Umrisse der Puppenhäuser aufgezeichnet und dann ausgeschnitten. Jedes Haus bekommt vier Fenster und eine Tür, die wie bei einem Adventskalender zu öffnen sind. Dazu ritzen Sie mit einer Rasierklinge oder einem Papiermesser die entsprechenden (in

der Abbildung punktiert gezeichneten) Linien ein.

Hinter jedes Puppenhaus wird ein Stück Papier geklebt, das vorher entsprechend zugeschnitten wurde. Nun kann man in die Fenster- und Türöffnungen den Einladungstext schreiben. Beim Basteln der Einladungskarten kann das Geburtstagskind natürlich mithelfen.

Planung

Wenn alle Geburtstagsgäste eingetroffen sind, stellen die Puppenmütter und -väter den anderen Kindern ihre Lieblinge vor. Dabei bekommt jede Puppe ein Pappherz umgehängt (diese Herzen vor dem Fest zurechtschneiden), auf dem der Name des Puppengastes vermerkt wird.

Pappherzen mit den Namen der Lieblingspuppen oder -tiere der Geburtstagsgäste.

Danach werden die Puppengäste in eine dafür vorbereitete Ecke gesetzt. Hier hat das Geburtstagskind schon den Tisch für sie gedeckt, der mit Hilfe eines Puppenservices, kleinen Kerzen und Puppenkuchen liebevoll ausgestaltet ist. So können die Puppeneltern ihre Kinder eine Weile sich selbst überlassen, um in Ruhe mit dem Geburtstagskind die Kaffeetafel zu genießen.

Nach dem Kaffee beginnt die Puppenspielrunde. Hauptattraktion ist dabei das Puppenhaus, für das vor dem Fest folgendes besorgt werden muß:

- ein großer, stabiler Karton (z.B. ein Waschmaschinenkarton aus einem Elektrogeschäft),
- Fingerfarben und Filzstifte zum Bemalen des Kartons.

(In den Karton werden vorher mit einem Papiermesser Fenster- und Türöffnungen geschnitten.) Nach dem Bemalen der Wände kann das Haus bezogen werden.

In einer anderen Ecke des Zimmers hat ein Puppendoktor seine Praxis eröffnet. (»Arztköfferchen« ist vorhanden oder wird besorgt.)

Während dieser Spielphase bereitet die Mutter zusammen mit einigen Gästen den Puppenfestpudding (im Kalt-

verfahren) für das spätere Abendessen vor. Zum Dekorieren sollten Liebesperlen oder Schokoladenplätzchen bereitgestellt werden.

Nachdem die Kinder ausreichend Zeit hatten, mit ihren Puppen zu spielen, folgen ein paar Gemeinschaftsaktivitäten. Den Abschluß und Höhepunkt des Festes bildet der Besuch einer Kasperletheatervorstellung. Am Schluß dieses Kapitels finden Sie dafür einen Spielvorschlag. Wenn Sie das Stück aufführen möchten, sollten folgende Kasperlepuppen vorhanden sein:

Kasper
Seppl
Gretel
Großmutter.

Das Stück erfordert zwei Mitspieler. Vielleicht gibt es ältere Geschwister, die bereit sind, das Kasperlestück einzustudieren.

Ansonsten läßt sich eine solche Aufführung mit den einfachsten Mitteln vorbereiten: Zwischen einen Türrahmen (oder im Freien zwischen zwei Bäumen) wird eine Schnur gespannt, über die eine Decke gehängt wird. Gerade kleine Kinder können sich so in das Kasperlespiel vertiefen, daß eine komplizierte Kulisse wegfallen kann. (Wer sich eingehend mit Kasperletheater, mit Spieltexten und Spielanleitungen, Basteltips für Theater und Puppen beschäftigen will, findet viele wertvolle Tips in dem Buch Kasperletheater, von *Ursula Lietz,* Falken-Bücherei 0641.)

Dekoration

Auf die Tischkarten wird ein ausgeschnittener Kasper geklebt, der schon auf den Festabschluß hinweist.

Bei kleineren Kindern, die noch nicht lesen können, kann die Tischkarte statt mit dem Namen auch mit einem Foto des Kindes gekennzeichnet werden. Diese Fotos kann man sich entweder vorher von den Eltern besorgen oder bei Beginn des Festes mit einer Polaroid-Kamera selbst machen.

Als dekorativer Geburtstagskuchen bietet sich ein mit Schokoladen-

Der Kasper wird aus bunter Pappe ausgeschnitten und auf die Tischkarte geklebt.

gußüberzogener Gugelhupf an, der mit Gummibärchen geschmückt wird. Natürlich dürfen darauf die Geburtstagskerzen nicht fehlen.

Als Überraschung kann man vor jeden Platz ein kleines Geschenk für die Puppe des Gastes legen: Gummischnuller, Teile eines Puppengeschirrs, Fläschchen oder ähnliches.

Spielvorschläge

PUPPENMODENSCHAU

Die gemeinsamen Spiele werden mit einer Puppenmodenschau eingeleitet. Dazu wird ein Teppichläufer als Laufsteg ausgelegt. Jedes Kind führt seine Puppe oder sein Spieltier über den Laufsteg. Das Geburtstagskind darf anfangen.

Vater oder Mutter moderieren, wobei es wichtig ist, daß bei allen gezeigten Puppen die Besonderheiten herausgestellt werden. Da es keine Gewinner (oder Verlierer) geben kann, werden die Kinder unbefangen erzählen, was ihnen ihre Puppe so lieb macht.

PUPPENTANZ

Zur Musik eines Kassettenrecorders oder Plattenspielers wird dann ein Puppentanz aufgeführt. Alle Kinder nehmen ihre Puppen und fangen an zu tanzen. Vater oder Mutter sagen dann das erste »Solopaar« an. Die anderen Kinder stehen still und schauen der jeweiligen Solovorführung zu. Wenn alle Puppeneltern mit ihren Kindern etwas vorgeführt haben, tanzen zum Abschluß alle noch einmal gemeinsam.

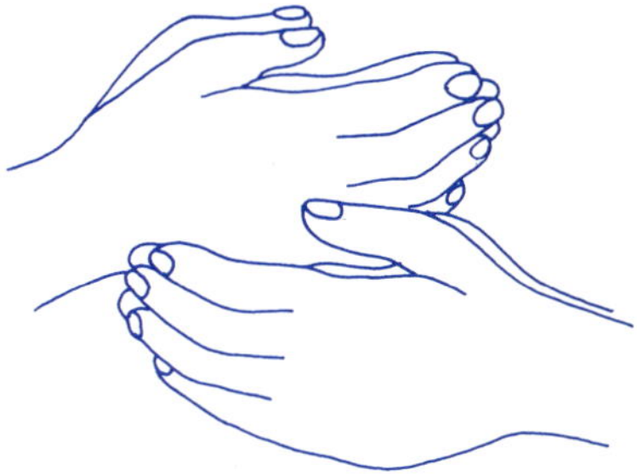

Ein Kind hält die Hände flach aneinander gelegt vor sich. Das andere Kind hält die Hände ebenso, hat aber eine Münze darin versteckt. Es schiebt beide Hände nacheinander in die seiner Mitspieler und gibt dabei heimlich die Münze weiter.

TALER, TALER, DU MUSST WANDERN

Alle Kinder – bis auf eines – setzen sich in einen Halbkreis und halten beide Hände flach aneinander gelegt vor sich. Das übriggebliebene Kind erhält eine Münze, den Taler, den es im Laufe des Spiels irgendeinem Spieler der Reihe weitergeben muß. Alle Kinder singen nun:

Während des Gesangs geht der »Talerbesitzer« von Kind zu Kind und legt seine zusammengelegten Hände in jedes Händepaar. Irgendwann läßt er dabei, möglichst unauffällig, den Taler seinen Besitzer wechseln. Am Ende des Liedes muß dann jenes Kind, vor dem er gerade steht, raten, wer den Taler hat. Rät es richtig, darf es in der nächsten Runde den Taler verteilen, rät es falsch, ist der glückliche Talerbesitzer dran.

BRÜDERCHEN KOMM TANZ MIT MIR

Ein Spiel, das Singen und Bewegung miteinander verbindet, schließt die Spielrunde ab.

Jedes Kind sucht sich einen Tanzpartner. (Wenn es eine ungerade Zahl von Gästen ist, kann ein Kind auch mit seiner Puppe tanzen, oder die Mutter übernimmt den Part des Gegenübers.)

Die Kinder stehen einander paarweise gegenüber. Bei der Zeile:

2. Mit den Füßchen tapp, tapp, tapp!
Mit den Händen klapp, klapp, klapp!
Einmal hin, einmal her,
rundherum das ist nicht schwer.

3. Mit dem Köpfchen nick, nick, nick,
mit den Fingern tick, tick, tick!
Einmal hin, einmal …

»Brüderchen komm tanz' mit mir« verbeugen sie sich voreinander.

Bei *»beide Hände reich' ich dir«* reichen sie einander die Hände.

Die Zeile: *»Einmal hin, einmal her, rundherum das ist nicht schwer«* wird entsprechend dargestellt.

Analog dazu wird die zweite und dritte Strophe getanzt. Wenn die Kinder dieses Spiel nicht schon aus dem Kindergarten kennen, muß nach jeder Strophe eine Pause gemacht werden, um den neuen Text und den Bewegungsablauf zu erklären.

KASPERLETHEATER

Zum Abschluß der Spielrunde wird ein Kasperletheaterstück aufgeführt. Einen Spielvorschlag finden Sie am Ende dieses Kapitels.

Speisevorschläge

Zum Geburtstagskaffee gibt es einen mit Schokoladenguß überzogenen Gugelhupf, der mit den Geburtstagskerzen und mit bunten Gummibärchen dekoriert wird. Die Puppen bekommen kleine Puppenkuchen oder Plätzchen.

Zum Abendessen wird dann der von den Kindern (mit Unterstützung der Mutter) selbst angerührte Pudding mit einer passenden Soße serviert.

Geschenktips

- Kasperlebücher von *Josefine Siebe*, Herold-Verlag. Josefine Siebe erzählt in ihren Büchern von einem Kasperle, das lebendig wird und viele lustige Erlebnisse hat.

- *Max Dingler* und *Margot Riebeth* haben ein lustiges Kinderbuch geschaffen: Hurra, wir ziehen um! (J. F. Schreiber Verlag, Esslingen). In diesem Buch können Kinder mit Steckfiguren die einzelnen Bildseiten mit Leben füllen.

- Ausschneidepuppen und Ausschneidebögen bereiten auch heute noch den Kindern Freude. Sie sind in Spielwarengeschäften erhältlich.

- Eine kleine Mappe hat der Heidmück-Verlag, München, herausgebracht: Ausschneidepuppen zum Anmalen und Spielen. Illustration *Eva-Maria Ott-Heidmann.*

- Kinder- und Puppenkochbücher.

- Kasperlepuppen. Besonders empfehlenswert: Dresdener Original Künstlerpuppen (Bezug in der BRD durch Ludwig Zapf, Vordere Sterngasse 13, 8500 Nürnberg).

- Puppen, Ärztekoffer, Puppengeschirr.

- *Erika Zimmermann,* Wir spielen Puppentheater. Viel Spaß beim Lesen, Spielen und Selbermachen! Herder Verlag, Freiburg.

Spielvorschlag Kasperletheater

SEPPEL WILL NICHT LESEN LERNEN

Es spielen mit:
Kasper, Seppel, Gretel, Großmutter
Requisiten:
1. Akt: Schulheft
2. Akt: Omas Strickzeug, Fernsehzeitung, Tageszeitung, Brille
3. Akt: 4 Kinokarten, 2 Pakete

Spielhinweise
Die *Kasperlefiguren* dieses Stückes sind wahrscheinlich in jedem Puppenspiel vorhanden und brauchen nicht verändert zu werden. Da überwiegend alle 4 Puppen gleichzeitig auf der Bühne sind, müssen mindestens 2 Puppenspieler vorhanden sein, um das Stück aufzuführen.
Am günstigsten wäre die Aufteilung:
1. Spieler – Großmutter, Kasper;
2. Spieler – Seppel, Gretel.

So stehen die jeweiligen Gesprächspartner einander gegenüber, und ihre Stimmen unterscheiden sich schon natürlicherweise.

Nun zu den *Requisiten:* Als Kaspers *Schulheft* kann gut ein Vokabelheft dienen. Ist dieses nicht vorhanden, genügen einige gleichgroße Papierstücke, die aneinandergeheftet werden. Das äußere Blatt sollte andersfarbig und im oberen Teil beschrieben sein.

Das *Strickzeug* der Großmutter kann man aus 2 Zahnstochern und etwas bunter Wolle herstellen. Mit möglichst dünnen Nadeln strickt man ein Läppchen von etwa 6 x 9 cm² (wer nicht stricken kann, nimmt ein Stück Strickstoff). Dann steckt man statt der Nadeln die Zahnstocher, die mit etwas Klebstoff bestrichen sind, durch die Maschen. Den Schlußfaden läßt man lang und wickelt daraus ein kleines Wollknäuel. Das letzte Fadenstück des Knäuels wird ebenfalls mit Klebstoff bestrichen, um ein Aufrollen zu verhindern. (Wenn man Strickstoff verwendet, muß das Knäuel separat gewickelt und der Faden angeknotet werden.) Das Strickzeug wird Häkel- oder Strickpuppen einfach durch die Maschen der Hand geschoben. Bei Stoffkleidern biegt man die Puppenhand um das Strickzeug und steckt es mit einer Nadel fest.

Die *Fernseh- und Tageszeitung* wird nach dem gleichen Prinzip angefertigt. Aus einer Programmzeitschrift oder Illustrierten sowie aus einer alten Zeitung werden gleichgroße Stücke ausgeschnitten und in der Mitte zusammengefaltet. Für die Fernsehzeitung werden diese so zusammengeheftet, -genäht oder -gebunden, daß außen ein vollständiges Bild zu sehen ist. – Die Zeitung wird nur an einer Stelle festgeklebt und dann zusammengerollt. Später, wenn der Kasper daraus vorliest, wird sie wieder entrollt.

Die *Brille* der Großmutter formt man am besten aus Blumendraht nach folgender Skizze:

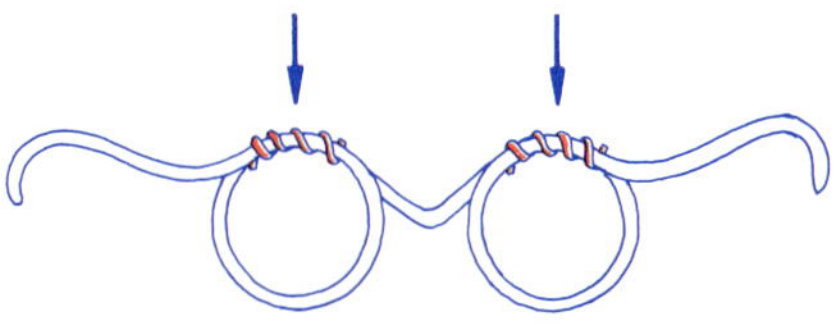

Brille für die Großmutter.

An den, mit einem Pfeil gekennzeichneten Stellen wird noch ein kurzes Stück Draht zur Verstärkung um das Gestell gedreht.

Die *Kinokarten* kann man aus bunter Pappe oder aus Tonpapier zurechtschneiden und mit Schrift versehen.

Zum Schluß benötigt man noch *2 Pakete*, in denen sich die Puppe und die Rollschuhe befinden sollen.

Man könnte zum Beispiel eine leere Zahnpastaschachtel und eine leere Seifenschachtel mit Geschenk- bzw. Packpapier umwickeln und mit einer Kordel so zubinden, daß sie als Griff dienen kann. Wer möchte, kann auf Gretels Paket ein Bild von einer Puppe und auf Seppels Paket ein Bild von Rollschuhen kleben. Diese Bilder findet man fast in jedem Katalog – meistens sogar in der richtigen Größe.

Paketbeispiel

Vorhang auf

Erster Akt

Großmutter: – Guten Tag, liebe Kinder, Ja, da staunt ihr, was? Heute muß ich euch begrüßen. Der Kasper ist nämlich noch nicht zu Hause. Ihr wißt doch sicher, daß er zur Schule geht, oder? –

Jaaa, er ist schon im dritten Schuljahr und ein ganz fleißiger Schüler. Nur leider hat er jetzt nicht mehr so viel Zeit für euch, Kinder. Aber ihr wißt ja sicher selber, wie das ist. Nachmittags müßt ihr sicher auch alle Hausaufgaben machen, oder? – Geht ihr auch so gerne in die Schule? – Aha! Könnt ihr denn schon alle lesen? Das ist ja fein. Wißt ihr, ich habe nämlich solche Sorgen mit dem Seppel. Alle Kinder freuen sich, wenn sie endlich lesen können. Nur der Seppel nicht. Er hat einfach keine Lust dazu. Habt ihr vielleicht eine Idee, was ich mit ihm machen soll? ... *(Schüttelt bei jedem Vorschlag der Kinder den Kopf.)* Ach, das habe ich alles schon ausprobiert. Es nützt einfach nichts. *(Sie blickt plötzlich zur Tür – oder zum Bühnenrand.)*

Oh, ich glaube, meine Kinder kommen aus der Schule. Ich höre sie schon. *(Gretel, Seppel und Kasper stürmen herein.)*

Gretel: Hallo, Großmutter! *(Sie gibt ihr einen Kuß.)* Mensch, habe ich einen Hunger! Was gibt es denn Schönes zum Essen?

Kasper: *(schwenkt ein Schulheft)* Großmutter, guck mal! Wir haben ein Diktat zurückbekommen. Rate mal, was ich hab'!

Großmutter: Na, wenn du so strahlst, bestimmt etwas Gutes.

Kasper: *(hüpft hin und her)* Eine 2! Ich habe nur einen ganz kleinen Fehler gemacht.

Seppel: *(Steht abseits und läßt den Kopf hängen.)*

Großmutter: Na prima! Dann kommt erst mal zum Essen!

Gretel: Der Seppel hat heute schon wieder eine 5 im Lesen gekriegt.

Seppel: *(frech)* Na und! Das geht dich gar nichts an! Außerdem ist das ja gar nicht so wichtig.

Kasper: Ach Gretel, laß den doch! Komm lieber mit in die Küche. *(zieht die Gretel von der Bühne.)*

Großmutter: *(nimmt den Seppel in den Arm)* Ach Junge, wie soll das mit dir nur weitergehen? Hast du denn nie Lust, ein spannendes Buch zu lesen? Wie andere Kinder in deinem Alter?

Seppel: Nööööö! Das ist doch furchtbar langweilig. Wozu auch? Ich höre viel lieber Radio oder Kassetten! Und noch lieber gucke ich Fernsehen. Das Programm könnt ihr mir ja schließlich vorlesen. *(ab)*

Großmutter: Hört euch das an, Kinder. Was sagt ihr dazu? ... Ja, ihr habt ja recht. Vielleicht geschieht eines Tages doch noch ein Wunder, und der Seppel sieht es doch ein. *(kopfschüttelnd ab)*

Zweiter Akt

(Die Großmutter strickt; Seppel kommt herein.)

Seppel: Du, Großmutter, der Fritz hat gesagt, gleich kommt ein toller Abenteuerfilm im Fernsehen. Kannst du mal eben nachgucken, wann der anfängt?

Großmutter: Ach Seppel, ich muß erst noch das Muster zu Ende stricken. Versuch' es doch mal alleine. Du bist doch schließlich schon im dritten Schuljahr.

Seppel: *(holt die Zeitung und blättert darin)* Hmm, was steht denn hier? *(zeigt mit dem Finger auf das Blatt)* – Beee, nein, – Seee, – Ses, – Sesmos, – was? Se – sam, aha! Das heißt bestimmt Sesamstraße. Aber die will ich ja gar nicht gucken. Ich bin doch kein kleines Kind mehr. – Großmutter, hilf mir doch bitte mal!

Großmutter: *(seufzt)* Na gut, dann hole mir mal meine Lesebrille.

Seppel: *(dreht sich um, kommt aber wieder zurück)* Duu, Oma?

Großmutter: Was ist denn noch?

Seppel: Weißt du, wir waren heute nachmittag auf dem Spielplatz. Da ist eine ganz tolle Rollschuhbahn. Und fast alle Kinder aus unserer Klasse haben Rollschuhe.

Großmutter: Und jetzt möchtest du auch Rollschuhe haben?

Seppel: *(nickt mit dem Kopf)* Hmhm!

Großmutter: Ach Junge, du weißt doch, daß ich nicht so viel Geld habe. Ihr drei seid doch so schon teuer genug. Dauernd braucht ihr etwas Neues zum Anziehen, und die Schule ist auch nicht gerade billig. – Tja, es tut mir ja leid, aber da müssen die Rollschuhe eben noch warten. Der Kasper und die Gretel haben auch noch keine. – So, und jetzt lauf' und hol' meine Brille!

Seppel: *(langsam ab, Großmutter strickt weiter; Seppel kommt wieder)* Ich kann sie nicht finden. In der Küche und im Schlafzimmer habe ich nachgeguckt. Vielleicht liegt sie hier irgendwo.

Großmutter: Ojeoje, wo habe ich sie denn nun schon wieder liegen lassen? Wenn ich doch nur nicht so vergeßlich wäre! *(Kasper und Gretel stürmen herein.)*

Kasper: Oma, Oma, hast du schon die Zeitung gelesen?

Großmutter: Nein, ich kann meine Brille nicht finden.

Gretel: Oh, die habe ich heute morgen im Badezimmer gesehen. Ich hole sie schnell.

Kasper: *(schwenkt die Zeitung)* Hier! Ein Lesewettbewerb! Mit tollen Preisen!

Großmutter: Was? Erzähl' doch mal!

Kasper: Hör zu, hier steht: *(rollt die Zeitung auseinander und liest vor)* Kinder vom 1. bis zum 4. Schuljahr sind herzlich zu unserem diesjährigen Lesewettbewerb im alten Schloß eingeladen. Den Gewinnern winken Preise wie Bücher, Spiele, ein Fahrrad, Rollschuhe, Puppen und viele andere. Wer mitmachen möchte, soll sich in zwei Wochen um 15 Uhr einfinden. Es lohnt sich bestimmt.

Gretel: *(kommt während der letzten Worte mit der Brille und reicht sie der Großmutter)* Ist das nicht toll? Wir machen natürlich mit! Vielleicht gewinnen wir etwas Schönes?

Seppel: *(hatte bei der Nennung der Preise aufgehorcht)* Kasper, habe ich richtig gehört? Gibt es da auch Rollschuhe zu gewinnen? Die hab' ich mir schon immer gewünscht. Ob ich da wohl auch mitmachen kann?

Gretel: *(lacht ihn aus)*

Großmutter: Na, ich weiß nicht. Da muß man schon besser lesen können als du.

Kasper: Duuu? – Kinder, was meint ihr? Ob der Seppel das schafft? ... Nein, ich glaube es auch nicht. Er ist doch viel zu faul zum Lesen.

Gretel: Kasper, komm' mit! Wir müssen üben! *(beide ab)*

Großmutter: Na so was, jetzt habe ich bei der Aufregung ganz meinen Kuchen vergessen. Ich muß schnell in die Küche. *(ab)*

Seppel: Was? Ich soll das nicht schaffen? Ihr kennt mich alle noch nicht richtig. Pah, ihr werdet euch noch wundern. Zwei Wochen sind eine lange Zeit. Da kann ich jeden Tag üben. *(geht*

langsam ab und murmelt dabei, immer leiser werdend) Wo habe ich denn nur mein Lesebuch? Ich brauche es doch zum Üben…

Dritter Akt

Großmutter: *(strickt)* Ich bin ja so neugierig. Heute ist der große Tag. Alle meine Kinder sind zum Lesewettbewerb gegangen. Sogar der Seppel. Er wollte unbedingt mit. Ich möchte bloß mal wissen, warum. Er wird wohl zuschauen wollen. – Wo bleiben sie denn nur? Jetzt sind sie schon zwei Stunden weg. Ob sie wohl etwas gewinnen? Was meint ihr, Kinder?… Ach seht mal, da hinten kommt der Kasper schon angerannt, als wäre der Teufel hinter ihm her.

Kasper: *(kommt keuchend und nach Atem ringend auf die Bühne; eine Hand versteckt er hinter dem Rücken)* Großmutter! Kinder! Ratet mal, was ich gewonnen habe?

Großmutter: Wir können es ja doch nicht erraten. Sag' es uns doch!

Kasper: *(zieht die Hand mit den vier Kinokarten hinter dem Rücken hervor)* Stellt euch vor: 4 Freikarten für's Kino! *(umarmt die Großmutter)* Da kann ich euch am Sonntag alle einladen.

Großmutter: Das ist aber prima! Da freue ich mich! Zeig' mal her!

Gretel: *(tritt mit Seppel zusammen auf; jeder hat ein Paket im Arm)* Aber wenn du erst mal hörst, was ich gewonnen habe, da wirst du staunen!…

Gretel: Eine Puppe, mit vielen verschiedenen Kleidern! Sie hat sogar echtes Haar, das man kämmen kann!

Großmutter: Das ist ja…

Kasper: Jetzt kommt aber erst die größte Überraschung! Rate doch mal, wer die Rollschuhe gewonnen hat? *(alle gucken den Seppel an, der verlegen zu Boden sieht.)*

Großmutter: Doch nicht etwa… *(zweifelnd)* du?

Seppel: *(nickt)*

Großmutter: *(nimmt ihn in die Arme)* Das ist die größte Freude, die du mir jemals gemacht hast. – Aber wie hast du das nur geschafft? Es ist doch fast nicht möglich. *(sie löst sich von ihm)* Ich kann es noch gar nicht glauben.

Seppel: Hast du dich denn nicht gewundert, weil ich gar nicht mehr draußen gespielt habe? Ich habe jede freie Minute in meinem Zimmer gesessen und Lesen geübt. Und wie du siehst, kann ich es jetzt.

Gretel: Jetzt brauchen wir dir wenigstens nicht mehr vorzulesen, was im Fernsehen kommt.

Seppel: Und ich kann mir endlich die vielen schönen Bücher aus der Schulbücherei leihen. Eigentlich wollte ich das ja immer schon gerne.

Großmutter: Dann kannst du mir ja jetzt auch mal was aus der Zeitung vorlesen.

Gretel: Ja, und Bastelanleitungen für Modellflugzeuge lesen!

Großmutter: So, nach diesen schönen Überraschungen habe ich aber auch eine Überraschung für euch. Sie steht in der Küche.

Kasper: *(schnuppert)* Hmm, es riecht so nach ... Pflaumenkuchen mit Schlagsahne!

Großmutter: *(nickt)* Ja, richtig geraten. Den habt ihr euch heute ja auch redlich verdient. Und dazu gibt es ...

Kasper, Gretel und Seppel: *(zusammen)* ... heißen Kakao?

Großmutter: Jawohl!

Kasper, Seppel und Gretel: Hmmm, lecker! Das lassen wir uns nicht entgehen. Los, ab in die Küche! *(ab)*

Großmutter: Halt, die Kinder ...! – Sie hören nichts mehr. Ja Kinder, ich habe euch heute begrüßt. Jetzt muß ich euch auch wieder verabschieden. Nehmt es dem Kasper nicht übel, aber ich glaube, er hat euch vor lauter Freude ganz vergessen. Was sagt ihr zu dem Seppel? Hättet ihr das gedacht? ... Nein, ich auch nicht. Dieser Teufelskerl! Er hat uns ganz schön an der Nase herumgeführt, nicht wahr? Aber mir ist ein Stein vom Herzen gefallen. – Hoffentlich klappt bei euch in der Schule auch immer alles so, wie ihr euch das wünscht. – So, ich werde jetzt in der Küche nach dem Rechten sehen. Auf Wiedersehen Kinder, bis zum nächsten Mal! *(Während sie von der Bühne geht, wird der Vorhang geschlossen.)*

Eine aufgeblasene Gesellschaft

Mit Hilfe von einfachen Luftballons läßt sich eine Geburtstagsfeier für Kinder im Alter von sechs bis acht Jahren bunt und abwechslungsreich gestalten. Mit Luftballons kann man basteln, aber auch spannende Wettspiele durchführen. Immer wieder faszinieren die Ballons durch die Leichtigkeit, mit der sie durch die Luft schweben. Manche Kinderträne wurde schon vergossen, wenn der liebenswerte Spielgefährte plötzlich platzte oder – falls er mit Gas gefüllt war – auf Nimmerwiedersehen davonflog.

Einladung

Besorgen Sie zunächst eine ausreichende Menge buntes, etwas festeres Papier im DIN A 5 Format. Einmal quer gefaltet ergibt es eine Doppelkarte. Die erste Seite wird mit einem Strauß bunter Luftballons geziert, auf die dritte Seite kommt der Text der Einladung, der z. B. so lauten kann:

(Zu meinem Geburtstag) Vorderseite
am Mittwoch, dem 15. Juni,
lade ich Dich, lieber Johannes,
herzlich ein.
Sei bitte pünktlich um 15 Uhr da!

Dein Philip

Um den bunten Luftballonstrauß herzustellen, gibt es verschiedene Möglichkeiten. Am wenigsten Arbeit macht es, wenn Sie die vorgezeichneten Ballons mit Filzstiften oder Wasserfarben bunt ausmalen.

Sehr hübsch wirkt es auch, wenn die Luftballons aus Buntpapier ausgeschnitten und dann zu einem Strauß zusammengeklebt werden.

So lustig und schön bunt sieht die Einladungskarte mit den Luftballons in Wachsbügeltechnik aus.

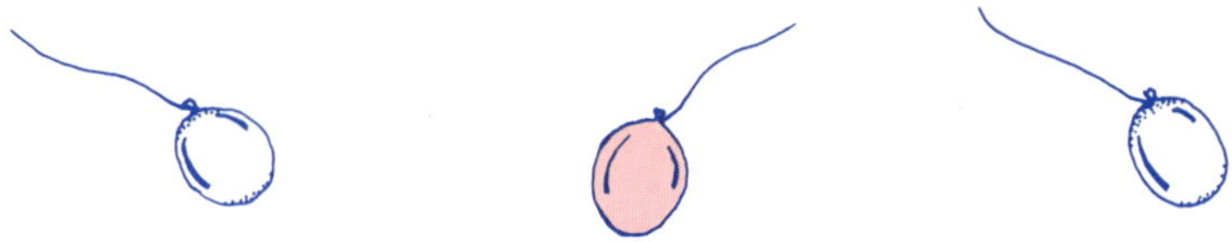

Mit Hilfe der Wachsbügeltechnik können Sie die Luftballons ganz individuell gestalten:

Ein Stück Pergament- oder Butterbrotpapier wird ganz bunt mit Wachsstiften bemalt – je dicker die Schicht, desto besser. Danach falten Sie das Papier zur Hälfte und bügeln von der Außenseite, d. h. der Seite ohne Farbschicht, mit einem nicht zu heißen Bügeleisen darüber. Durch die Wärme wird die Farbe weich und verläuft, und beim Auseinanderziehen entstehen hübsche, charakteristische Muster.

Nun werden die Luftballons ausgeschnitten und auf den Einladungskarten zu bunten Sträußen zusammengeklebt.

Natürlich darf das Geburtstagskind bei der Herstellung der Einladungskarten nach Kräften mithelfen.

Planung

Wenn das Wetter es zuläßt, kann dieser Kindergeburtstag gut im Garten oder auf einem Spiel- oder Freizeitplatz gefeiert werden. Bei schlechtem Wetter eignet sich auch die Wohnung, wenn Sie dort die Möglichkeit haben, für eine genügend große freie Spielfläche zu sorgen.

Die wichtigsten Utensilien für dieses Fest sind natürlich die Luftballons, von denen eine größere Anzahl in möglichst verschiedenen Farben benötigt wird.

Damit viel Zeit zum Basteln und Spielen bleibt, wird der Geburtstagskaffee als Picknick gestaltet. Nach dem Picknick beginnt das Spiel mit den Luftballons.

Damit es nicht sofort »hoch hergeht«, werden zum Auftakt in einer Bastelrunde lustige Ballonmännchen gestaltet. So hat jedes Kind die Möglichkeit, einen eigenen Ballon zu haben, den es mit nach Hause nehmen kann. Dadurch fällt es nicht so schwer, mit den Ballons zu spielen, sie wieder abzugeben oder zu erleben, wie sie platzen. All das wird in der Spielphase nämlich zur Genüge geschehen.

Zum Abschluß der Spielrunde kann ein Luftballonwettfliegen veranstaltet werden: Dazu sind allerdings gasgefüllte Luftballons nötig, die Sie vor dem Fest besorgen müssen.

Als besinnlicher Ausklang bietet sich noch einmal eine Bastelrunde an. Damit die Kinder die hier vorgesehenen Luftballonlaternen herstellen können, muß man ein paar Tage vor dem Fest mit den Vorarbeiten beginnen.

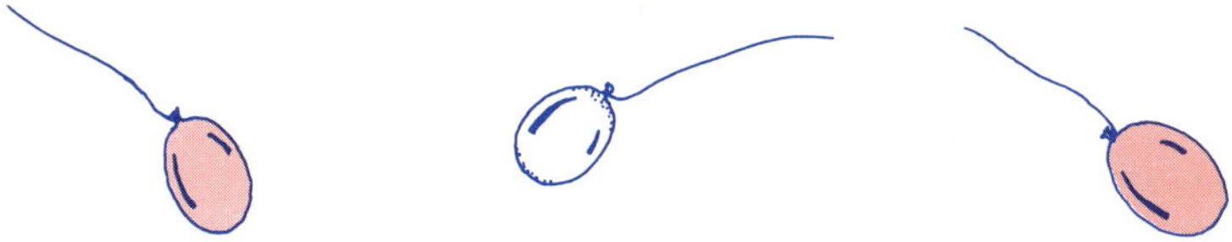

Sie brauchen dazu:

- Für jeden Gast einen Luftballon;
- Seidenpapier in verschiedenen Farben;
- Tapetenkleister;
- dünne Schnur;
- einen oder mehrere dicke Pinsel.

Zusammen mit dem Geburtstagskind werden die Luftballonlaternen vorbereitet.

Die Ballons werden aufgeblasen, verschlossen und rundherum mit der Schnur umwickelt. Vom Seidenpapier werden nicht zu kleine Stücke abgerissen, dick mit Kleister eingestrichen und auf die Ballons geklebt. Durch übereinander geklebte Farben entstehen später reizvolle Farbkombinationen.

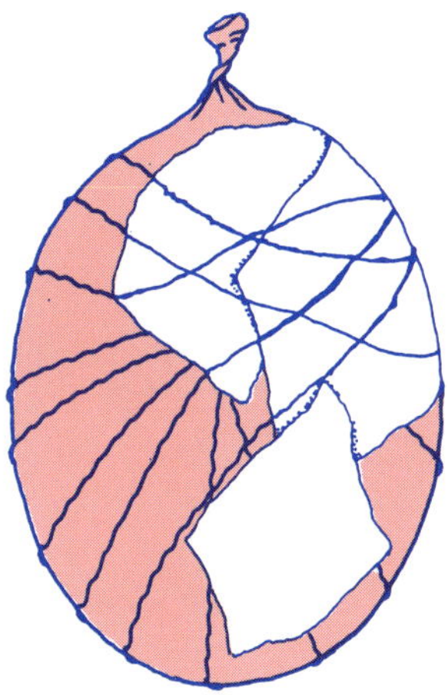

Der aufgeblasene Luftballon wird mit Schnur umwickelt und mit Seidenpapier beklebt.

Um den Laternen die nötige Stabilität zu verleihen, sollten mindestens drei Schichten Seidenpapier übereinander geklebt werden.

Die so vorbereiteten Ballons werden zum Trocknen beiseite gestellt. Rechnen Sie für den Trockenvorgang etwa drei Tage.

Dekoration

Die Spielfläche wird möglichst durch eine Ballongirlande abgegrenzt. Bei älteren Kindern, die schon lesen können, kann man mit dieser Girlande gleich das erste Spiel des Festes einleiten.

Dazu werden zehn farblich bunt gemischte Ballons so aufgehängt, daß zwischen den einzelnen Ballons jeweils ein Zwischenraum frei bleibt, der von den Kindern dann mit den passenden Ballons ausgefüllt werden soll.

Auf jeden Ballon schreiben Sie mit Filzstift einen großen Buchstaben. Die vollständige Ballongirlande ergibt dann, hintereinander gelesen, das Festmotto:

Luftballongeburtstag

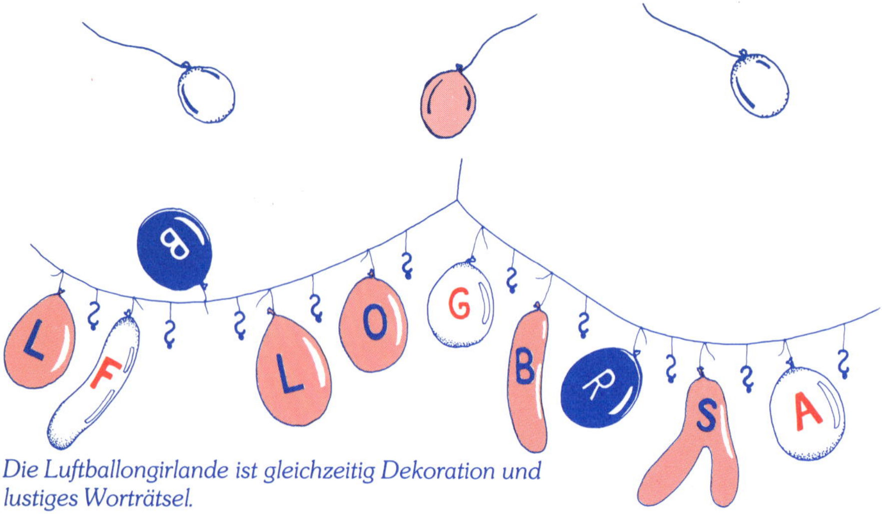

Die Luftballongirlande ist gleichzeitig Dekoration und lustiges Worträtsel.

Bei Ankunft der Gäste ist aber erst:

L . F . B . L . O . G . B . R . S . A .

zu lesen.

Die übrigen zehn Ballons mit den Buchstaben

. U . T . A . L . N . E . U . T . T . G

werden, als Ballonsträuße zusammengebunden und in einen Eimer oder Korb gestellt. Wenn die Gäste die fehlenden Ballons eingefügt haben, ist damit auch das Motto der Feier bekannt.

Spielvorschläge

Basteln

LUFTBALLONS VERWANDELN SICH

Für die Verwandlung der Luftballons in lustige Ballonmännchen werden benötigt:

- pro Kind ein aufgeblasener Ballon (speziell bei kleineren Kindern wird es nötig sein, beim Aufblasen der Ballons behilflich zu sein),
- eine Anzahl Scheren,
- Buntpapier,
- Woll-, Bast- und Filzreste in verschiedenen Farben,
- Klebstoff, der von den Ballons vertragen wird,

Fertiges Ballonmännchen.

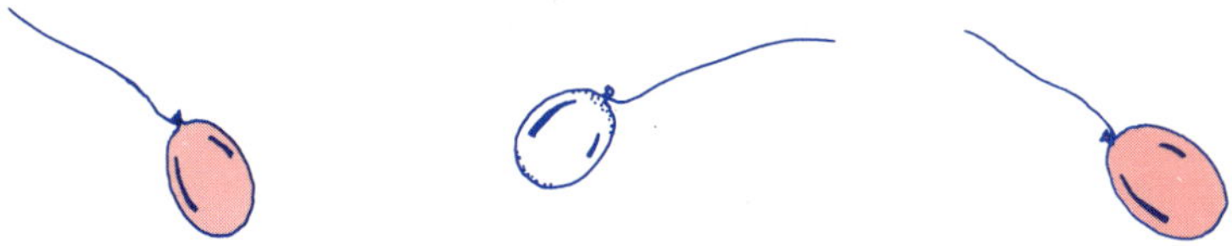

- pro Kind ein DIN A 4 Blatt aus etwas festerem Papier zur Herstellung der Füße der Ballongesellschaft,
- eine Pappschablone für die Füße,
- Filz- und Bleistifte.

Mit Hilfe dieser Materialien bastelt jedes Kind sein eigenes Ballonmännchen. Augen, Ohren und Nase können aufgeklebt oder -gemalt werden. Bast- und Wollreste dienen als Haare oder Bart. Zum Schluß wird der Kopf auf die ausgeschnittenen Füße geklebt.

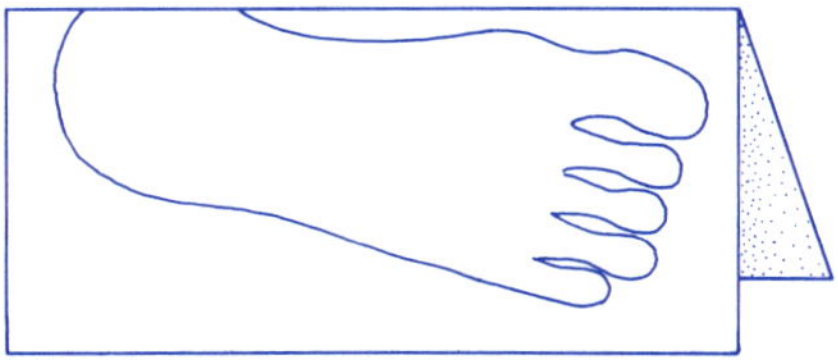

Vorlage zum Ausschneiden der Füße.

LUFTBALLONLATERNEN

Zum Abschluß des Festes bastelt sich jeder Gast eine Luftballonlaterne, die er dann nach Hause mitnehmen kann. Dazu müssen folgende Dinge bereitgestellt werden:

- die schon vorbereiteten, mit Seidenpapier beklebten Luftballons,
- eine große Stopfnadel,
- etwas dünner Draht,
- Schnur,
- für jede Laterne ein Teelicht.

Mit der Stopfnadel werden die Ballons in der Nähe des Verschlusses durchstochen. Dann schneiden Sie ein Loch von 6 bis 8 cm Durchmesser rund um den Verschluß heraus und ziehen den geschrumpften Luftballon vorsichtig aus der Öffnung. Zurück bleibt das mit der Schnur verstärkte Seidenpapier in Ballonform – die Laterne. Nun muß nur noch der Draht zum Aufhängen angebracht und das Teelicht eingeklebt werden – fertig ist die Luftballonlaterne.

Wettspiele

LUFTBALLONHÜPFEN

Je zwei Kinder spielen gegeneinander. Jedes Kind bekommt einen aufgeblasenen Luftballon zwischen die Knie und muß versuchen, eine bestimmte Strecke »abzuhüpfen«, ohne daß der Luftballon zu Boden fällt. Das Hüpfen kann durch kleine Hindernisse zusätzlich erschwert werden.

LUFTBALLONTRETEN

Je zwei Spieler bekommen einen aufgeblasenen Luftballon an den Fuß gebunden. Nun müssen sie versuchen, sich gegenseitig die Luftballons zu »zertreten«. Sieger ist, wer den Luftballon des Gegners zuerst zum Platzen gebracht hat. Dann kommen die näch-

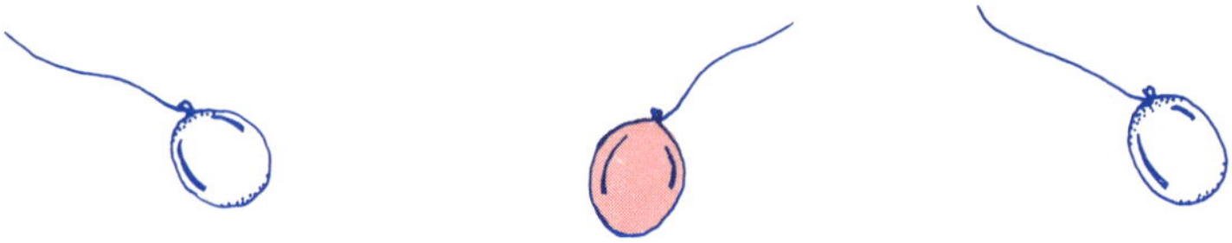

sten beiden Spieler an die Reihe. Zuletzt treten dann die Sieger gegeneinander an, bis zum Schluß der Gewinner feststeht.

LUFTBALLONWETTAUFBLASEN

Alle Kinder bekommen einen Luftballon, den sie auf ein Kommando aufblasen müssen. (Bei kleineren Kindern sollten die Ballons vorher schon einmal aufgeblasen worden sein, da die Lungenkraft in diesem Alter noch nicht ausreicht, den »Anfangswiderstand« zu überwinden.) Wer meint, seinen Ballon genügend aufgeblasen zu haben, setzt sich drauf und versucht, ihn zum Platzen zu bringen. Sieger ist derjenige, dem das zuerst gelingt.

LUFTBALLONTREIBEN

Ein Spielfeld – die Größe richtet sich nach dem vorhandenen Platz – wird abgesteckt. An einem Ende des Spielfeldes wird ein Korb, das Tor, bereitgestellt.

Der erste Spieler beginnt nun am entgegengesetzten Ende des Feldes mit dem Luftballontreiben. Er muß den Ballon mit einem Handtuch, das als Schläger dient, über die Spielfläche bewegen und in den Korb bugsieren.

Hat er sein »Tor« erzielt, folgt der nächste Spieler. Die Zeit, die jedes Kind braucht, wird notiert. Sieger ist, wer es am schnellsten geschafft hat, ein »Tor« zu schießen.

LUFTBALLONBALANCIEREN

Jedes Kind sitzt auf einem Stuhl und hält sich mit den Händen daran fest. Jeder Spieler balanciert einen aufgeblasenen Ballon mit den ausgestreckten Beinen, wobei der Ballon nicht auf den Beinen liegenbleiben, aber auch nicht außer »Bein-Reichweite« geraten darf. Wer schafft es am längsten?

Variante: Die Kinder teilen sich in zwei Gruppen. Jede Gruppe setzt sich in der eben beschriebenen Weise auf Stühle, die nebeneinander in einer Reihe stehen.

Nun lautet die Aufgabe, einen Luftballon von Spieler zu Spieler nur mit Hilfe der Beine weiterzugeben, ohne daß dieser den Boden berührt.

Gewonnen hat die Gruppe, deren Ballon zuerst den letzten Spieler der Reihe erreicht. Fällt der Ballon zwischendurch auf die Erde, muß beim ersten Spieler wieder angefangen werden.

LUFTBALLONJAGD

Ein aufgeblasener Ballon wird an einer Schnur so in die Mitte des Spielfeldes gehängt, daß er in Ruhestellung bequem für alle Kinder erreichbar ist. Ein

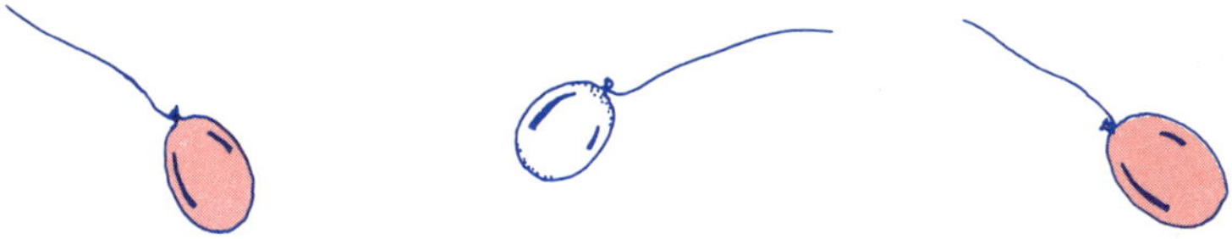

Spieler wird zum »Wächter« des Ballons bestimmt, die anderen Kinder sind seine Gegenspieler. Der »Wächter« bekommt einen Föhn (Verlängerungskabel nicht vergessen oder einen batteriebetriebenen Föhn nehmen), mit dessen Hilfe er den Ballon aus der Reichweite der Angreifer blasen kann.

Die Angreifer, jeder mit einer Reißzwecke bewaffnet, versuchen, den Ballon zu zerstören. Wer den Ballon zum Platzen bringen kann, übernimmt in der nächsten Runde die Rolle des »Wächters«.

LUFTBALLONWETTFLIEGEN

Wenn es technisch möglich ist, werden zum Abschluß der Spielrunde mit Gas gefüllte Luftballons auf die Reise geschickt.

Wer mag, kann vorher die im Anschluß an dieses Kapitel abgedruckte Geschichte: »Steffi hat einen Luftballon« vorlesen, um die Kinder – nach der Aufregung der Spiele – auf den letzten, besinnlicheren Teil des Festes einzustimmen.

An jeden Ballon wird ein Postkartengruß gebunden, der Name und Adresse des Absenders und vielleicht folgenden Text enthält:

Ich bin von einer fröhlichen Geburtstagsparty direkt hierher geflogen. Wenn Du mich findest, schicke mich bitte an die umstehende Adresse. Vielen Dank!

Speisevorschläge

Zum Kaffee, der als Picknick gestaltet wird, gibt es frisch gebackene Waffeln. Aus Pappbechern trinken die Kinder dazu Fruchtsäfte oder Milch-Mix-Getränke.

Zum Abendessen gibt es rote Grütze mit Vanillesoße.

Geschenktips

- *Gerda Hauck*, Rund um den Luftballon, Brunnen-Reihe 160, Christopherus Verlag. Bastelvorschläge mit Luftballons.
- *Irina Korschunow,* Steffis roter Luftballon, Geschichten für die Kleinsten, dtv junior-Taschenbuch 7490.
- Hüpfball
- Seifenblasen
- Eine Platte oder Kassette von *Nena:* 99 Luftballons.

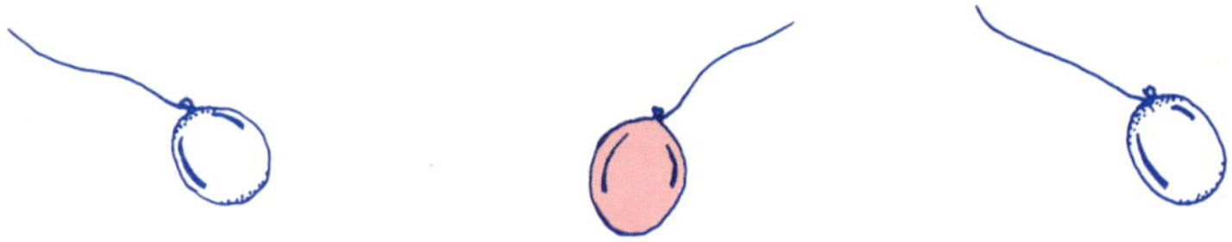

Vorlesegeschichte

STEFFI HAT EINEN LUFTBALLON

Eine Geschichte von Irina Korschunow

Steffi hat einen Luftballon. Er ist rot und hat ein aufgemaltes Gesicht und wackelt im Wind hin und her.

»Du mußt den Bindfaden ganz festhalten«, sagt der Vater.

»Sonst fliegt dein Ballon weg.«

Steffi glaubt das nicht.

Vorsichtig läßt sie den Bindfaden los, nur ein bißchen, nur ganz kurz.

Und schwupp, fliegt der Ballon davon.

»Mein Luftballon!« schreit Steffi.

Sie will nach dem Bindfaden greifen. Aber der Luftballon ist schon zu weit weg.

Steffi fängt an zu weinen.

»Mein Luftballon! Ich will meinen Luftballon wiederhaben.«

Der Vater nimmt Steffi auf den Arm.

»Sei nicht traurig«, sagt er.

»Dem Luftballon macht es sicher Spaß. Der kann jetzt fliegen, immerzu fliegen.«

Steffi hebt den Kopf.

Der Luftballon schwebt hoch oben in der Luft. Er ist nur noch ein roter Punkt am Himmel.

»Wo fliegt er denn hin?« fragt Steffi.

»Zu den Wolken«, sagt der Vater.

»Und immer noch weiter.«

»Zu den Sternen?« fragt Steffi.

»Und zum Mond?«

»Vielleicht«, sagt der Vater. »Und irgendwann landet er wieder in einem Garten oder auf einer Wiese. Und dann kommt so ein kleines Mädchen wie du und findet ihn, und der Luftballon sagt:

»Schöne Grüße von Steffi!«

»Der Luftballon kann gar nicht sprechen«, sagt Steffi.

»Stimmt«, sagt der Vater.

»Das war auch bloß so eine Luftballongeschichte, damit du nicht mehr traurig bist.«

»Erzähl mir noch eine Luftballongeschichte!« sagt Steffi.

»Heute abend. Vor dem Einschlafen«, sagt der Vater.

Copyright: Benziger Verlag Zürich, Köln

Manege frei zum Zirkusfest

Alle Kinder lieben den Zirkus. Zwar kennen sie eine Menge atemberaubender Nummern aus dem Fernsehen, aber nichts ist schöner, als bei einer Zirkusvorstellung wirklich dabei zu sein. Die Atmosphäre des Zeltes und der Geruch nach Sägespänen und Tieren läßt sich mit keiner Filmkonserve einfangen. Und wer hat nach einer solchen Vorstellung nicht schon einmal davon geträumt, Zirkusartist zu werden? Bei unserem Geburtstagszirkus für Sechs- bis Neunjährige kann sich jeder diesen Wunsch erfüllen und in seine Traumrolle schlüpfen.

Einladung

Die Einladung ist gleichzeitig die Eintrittskarte zu unserem Zirkus Hullahupp und muß zur Geburtstagsfeier mitgebracht werden. Eine Ecke wird perforiert (mit einer dicken Stopfnadel Löcher ins Papier stechen) und zu Beginn der Feier wie eine richtige Eintrittskarte abgerissen. Innen steht der Einladungstext, der z.B. so lauten kann:

Manege frei zur einmaligen Vorstellung des Zirkus Hullahupp. In diesem Zirkus gibt es keine Zuschauer! Alle Gäste können ihre Rolle spielen. Dazu kannst Du, liebe Conny, verkleidet kommen (Clown, Seiltänzerin, Zirkusdirektor, Zauberer; vielleicht kommt Dir eine besondere Idee!). Außerdem ist Dein Lieblings(stoff)tier ein gern gesehener Gast. Ich freue mich auf Dich!

Deine Esther.

Planung

Das Zirkusfest kann, wenn es das Wetter erlaubt, sehr gut im Freien gefeiert werden; die Vorstellung kann aber auch im Zimmer stattfinden. Hier sollten allerdings die Nachbarn gewarnt werden, daß es etwas lauter zugehen wird.

Die ankommenden Gäste zeigen ihre Eintrittskarte zum Abriß vor. Die mitgebrachten Stofftiere werden in einer Ecke des Raums in einem abgegrenzten Tierkäfig (z.B. ein Laufstall) untergebracht.

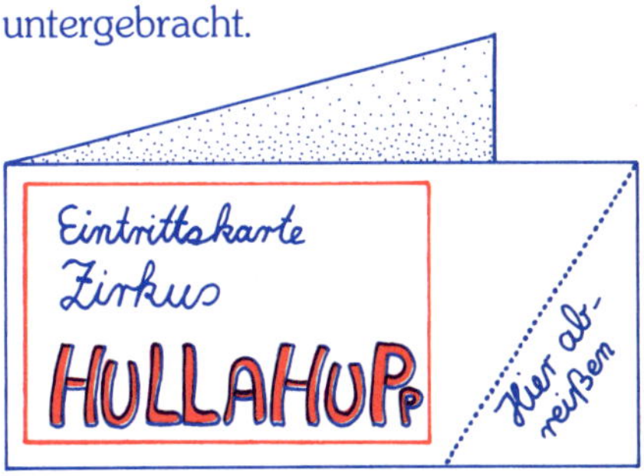

Die Einladungskarte ist rechts perforiert, so daß sie abgerissen werden kann wie eine richtige Eintrittskarte für den Zirkus.

Während des Kaffeetrinkens wird über den Zirkus und die selbst miterlebten Vorstellungen geredet. Die Kinder sollen sich schon jetzt Gedanken machen, welche Nummer sie in der kommenden Zirkusvorstellung aufführen möchten. Damit zum Schluß nicht nur Clowns auftreten, sollte die Mutter oder der Vater in dieser Phase das Gespräch vorsichtig lenken und die verschiedenen Möglichkeiten ins Gespräch bringen. (Anregungen dazu finden Sie im Kapitel Spielvorschläge.)

Wenn die Rollen verteilt sind, geht es nach dem Kaffeetrinken ans Verkleiden. Dazu wird eine Theater- oder Faschingskiste bereitgestellt, in der sich alte Kleider, Hüte, Tücher usw. befinden. Für die Zirkuskapelle stehen Topfdeckel, Mundharmonika, Flöte, Trommel und andere vorhandene Klangkörper zum Musikmachen zur Verfügung.

Bei einem Zirkus darf die Schminke nicht fehlen. Wasser- oder Fettschminke ist auf alle Fälle anderen Materialien vorzuziehen, da sie hautverträglicher ist und sich gut entfernen läßt. Sie wird mit einem feuchten Schwämmchen oder mit einem Borsten- oder Haarpinsel aufgetragen. (Bitte keine Fingerfarben verwenden.)

Während des Verkleidens und Schminkens spricht die Mutter oder der Vater mit den Artisten noch einmal die Rollen durch und gibt zusätzliche Tips. In dieser Phase ist es günstig, wenn mehr als ein Erwachsener zur Betreuung zur Verfügung steht, da die Vorbereitungen, gerade bei jüngeren Kindern, sonst zu lange dauern.

Zudem sollte die Möglichkeit bestehen, in einer stillen Ecke – unbeobachtet von den anderen – die Nummer schnell einmal zu proben.

Die Schlangenbeschwörer-Nummer verlangt eine etwas aufwendigere Vorbereitung, die aber durch den Erfolg dieser Nummer gerechtfertigt wird. Und die Schlange werden Sie sicherlich bei vielen anderen Gelegenheiten wieder verwenden können.

HERSTELLUNG DER SCHLANGE

Für den Schlangenkörper wird eine Kordel aus zwölf dunkelbraunen und vier beigen Makrameefäden von jeweils 4,80 m gedreht. Das ergibt eine fertige Schlangenlänge von etwa zwei Metern.

Der ovale Schlangenkopf von etwa 22 cm Länge und 15 cm Breite wird auf einem Blatt Papier vorgezeichnet und aus braunem Trikotstoff doppelt mit 1 cm Nahtzugabe ausgeschnitten.

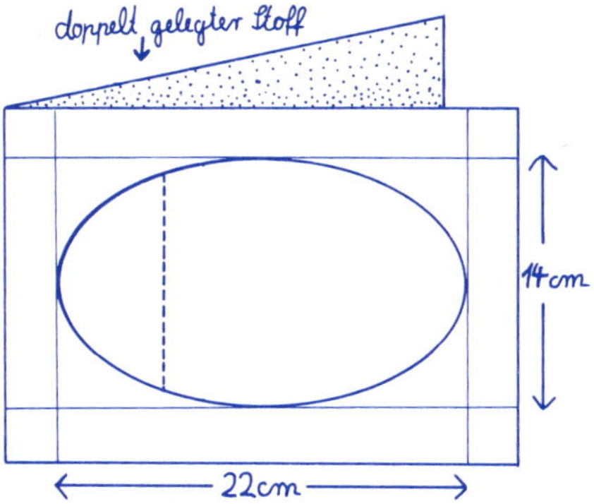

Schlangenkopf

Schlangenmaul

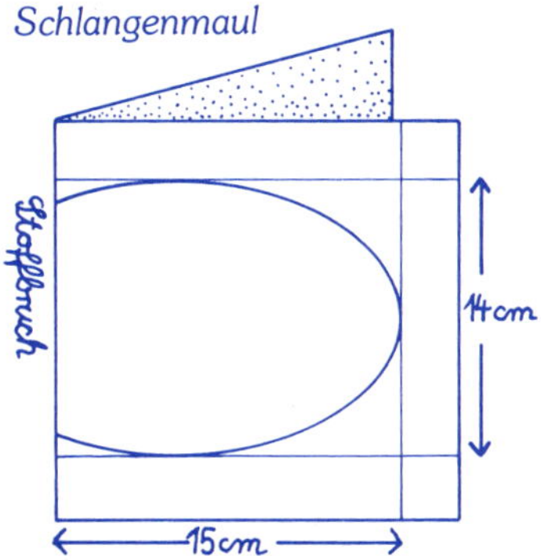

Den Schlangenkopf zweimal ausschneiden. Das Schlangenmaul an der gekennzeichneten Linie auf den Stroffbruch legen und ausschneiden. Beim Zuschneiden die Nahtzugabe nicht vergessen!

Für das geöffnete Maul der Schlange wird das Schnittmuster des Kopfes am hinteren Teil um ein Drittel der Länge als gerade Kante abgeschnitten und an dieser im Stoffbruch auf den doppelten Stoff gelegt und mit ebenfalls 1 cm Nahtzugabe ausgeschnitten.

Das aufgeklappte Maulteil wird den beiden Kopfteilen jeweils bis zu zwei Dritteln aufgenäht. Nun werden die beiden Seitennähte geschlossen und dann der Kopf umgestülpt. Aus rotem, festen Plastikmaterial (Deckel eines ausgedienten Schnellhefters) wird die etwa 16 cm lange, spitze, gespaltene Zunge geschnitten und in die Mitte des Maulteils eingefaßt.

Das Kopfende wird um 1 cm nach innen gesäumt; dabei eine kleine Öff-

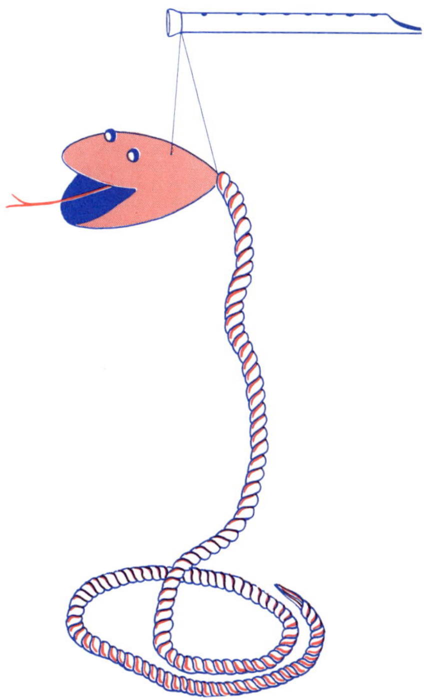

So sieht die fertige Schlange mit der am Kopf befestigten Flöte aus.

nung frei lassen. Jetzt wird der Kopf mit Schaumstoffflocken oder mit synthetischer Watte ausgestopft und dann mit dem Schlangenkörper verbunden, wobei die Kordel bis zu 10 cm tief in den Kopf eingesetzt wird. Den Schlangenkopf gut am Körper befestigen. Die Mundwinkel werden etwa um 4 cm geschlossen. Als Augen werden zwei grüne Knöpfe aufgenäht. Schließlich wird noch eine 30 cm lange Nylonschnur am hinteren Kopf der Schlange angebracht, woran eine Flöte befestigt wird. Beim Anbringen der Nylonschnur muß darauf geachtet werden, daß der Kopf sich waagerecht herumdrehen kann.

Dekoration

Als Tischdekoration steht vor jedem Platz ein Mohrenkopf, auf dem mit Zuckerguß ein lustiges Gesicht gespritzt wurde. Ein passendes Hütchen, das mit dem Namen des Kindes versehen ist, ersetzt die Tischkarten.

Den Geburtstagskuchen kann man mit Marzipan- oder Schokoladenclowns verzieren.

Zur Dekoration des »Zirkuszeltes« werden in der Mitte der Zimmerdecke zahlreiche bunte Kreppapierstreifen befestigt, die man dann so auseinanderziehen kann, daß sie wie ein Zirkus-

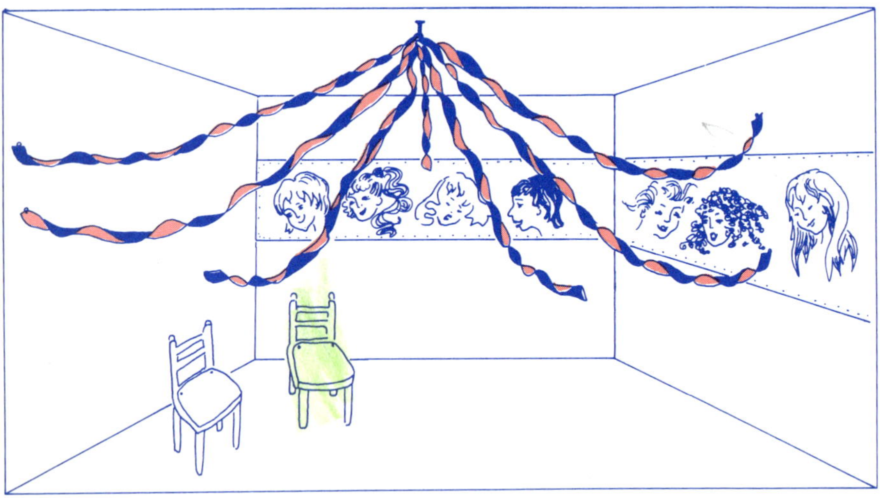

Das Zimmer wird in ein Zirkuszelt mit Manege verwandelt.

Tischdekoration für das Zirkusfest ist der bemalte Mohrenkopf mit Hütchen.

zelt wirken. Die Manege wird durch im Kreis stehende Stühle angedeutet.

Die Zuschauer werden auf eine alte Tapetenrolle gemalt (viele verschiedene Köpfe) und hinter den Stühlen wie eine Kulisse an die Wand geheftet.

Spielvorschläge

DIE MUSIK SPIELT AUF

Jeder, der mag, erhält einen der bereitgestellten »Klangkörper«: Mundharmonika, Xylophon, Trommel, Flöten oder auch einfache Topfdeckel. Mit diesen Instrumenten üben die Musiker zunächst einen Tusch ein, der nachher zum Ende jeder Nummer gespielt wird.

Zur Eröffnung der Zirkusvorstellung wird das Lied vom Zirkus Hullahupp gesungen. Der Direktor (das Geburtstagskind bzw. Vater oder Mutter) singt vor, und alle Mitwirkenden fallen in den Refrain mit ein.

Das Lied vom Zirkus Hullahupp
Melodie: Auf der schwäb'schen Eisenbahn…

Ich bin der Direktor heute,
Sorge für geschickte Leute,
Die mit Spannung, Lust und Witz
Bringen manchen Geistesblitz!

Hullahupp heißt unser Zirkus ...

Es stellt sich vor der Fridolin,
Er ist hier Clown, ja seht nur hin!
Er kennt den Spaß für Jung und Alt
Und läßt dabei niemand kalt.

Hullahupp heißt unser Zirkus ...

Im Turnen ist sie unschlagbar,
Die Hullahupp-Artistenschar,
Ob Purzelbaum, ob Seil, ob Reck:
Im Spiele sind sie fit und keck!

Hullahupp heißt unser Zirkus ...

Jetzt kommt die Seiltänzerin.
Sie haßt es, wenn durch viel Klimbim
Die Gäste übersehen gar,
Wie sie bringt ihre Nummer dar.

Hullahupp heißt unser Zirkus ...

Die Tiere fühlen sich famos
Im Zirkuszelt. Sie sind ganz groß,
Wenn die Dompteure, gut und schnell
Beim Springen, Tanzen, sind zur Stell'.

Hullahupp heißt unser Zirkus ...

Seht nur, daß Euch Hokuspokus
Verzaubert all' zum Zirkusabschluß.
Dann träumt noch lange, schwupp die wupp,
Ihr von dem großen »Hullahupp«.

Hullahupp heißt unser Zirkus ...

Nach dem Lied spielen die Musiker wieder einen Tusch, und die Vorstellung kann beginnen. Der Direktor kündigt jede Nummer mit großen Worten an, und die Musiker untermalen sie nach Aufforderung durch den Direktor mit einem Tusch.

SCHLANGENBESCHWÖRER

Da diese Nummer einige Vorbereitung erfordert – die Schlange muß genäht werden (siehe Kapitel Planung) –, bietet es sich an, daß das Geburtstagskind diesen Part übernimmt und vielleicht schon vorher – zusammen mit der Mutter – einen möglichst wirkungsvollen Auftritt probt.

Die zusammengerollte Schlange liegt, für die Zuschauer unsichtbar, in einem Korb. Der Schlangenbeschwörer, vielleicht mit Pumphosen und Turban bekleidet, kommt herein (Tusch) und holt zunächst unter Lebensgefahr seine Flöte aus dem Korb.

Er hockt sich vor den Korb und lockt die Schlange mit kreisförmigen Bewegungen seiner Flöte aus dem Korb, wobei er sich langsam aufrichtet, so daß die Schlange zum Schluß in ihrer ganzen Länge zu sehen ist. Besonders gefährlich wirkt dabei der ständig nach allen Seiten pendelnde Kopf der Schlange. Wenn der Schlangenbeschwörer nun langsam in die Hocke geht, verschwindet die Schlange, die mit einem Nylonfaden an der Flöte befestigt ist, langsam wieder in ihrem Korb, und der Schlangenbeschwörer geht ab.

AKROBATEN

Turnerinnen und Turner können die Rolle der Akrobaten übernehmen und Seilspringen, Handstand, Radschlagen, eine Brücke oder ähnliche Kunststücke vorführen. Vielleicht steht in einer Ecke noch ein alter Hulahupp-Reifen, der hier wieder zu Ehren kommt. Wenn Stelzen vorhanden sind oder als Geburtstagsgeschenk überreicht wurden, schließt sich noch ein Stelzengang an, auch wenn er vielleicht etwas wackelig ausfällt.

DIE CLOWNS

Die meisten Kinder möchten gern den Clown spielen, so daß unser Zirkus gleich mehrere Clowns hat. Lustig verkleidet, in viel zu großen Kleidern und Schuhen, machen sie ihre Späße. Sicher werden sich die Kinder selbst etwas für die Clownnummer ausdenken; falls ihnen aber wider Erwarten nichts einfallen sollte, hier ein paar Anregungen:

Die Gesangspillen

Ein Clown versucht zu singen, aber er bringt nur krächzende und falsche Töne heraus. Nach Einnahme der »Gesangspillen« schmettert er plötzlich eine Arie (die vom Kassettenrecorder kommt).

Tauziehen

Zwei Clowns spielen Tauziehen. Mitten in der größten Anstrengung schneidet ein dritter das Seil durch und beide fallen mit viel Geschrei auf die Nase.

DER ZAUBERER HOKUSPOKUS

Auch ohne viel Üben lassen sich verblüffende Kunststücke vorführen. Anregungen dazu finden Sie in vielen Büchern, die zum Thema Zaubern angeboten werden. Daß dieser »Hokuspokus« eigentlich ganz einfach ist, zeigen die folgenden Beispiele, die von den Kindern in kurzer Zeit einstudiert werden können.

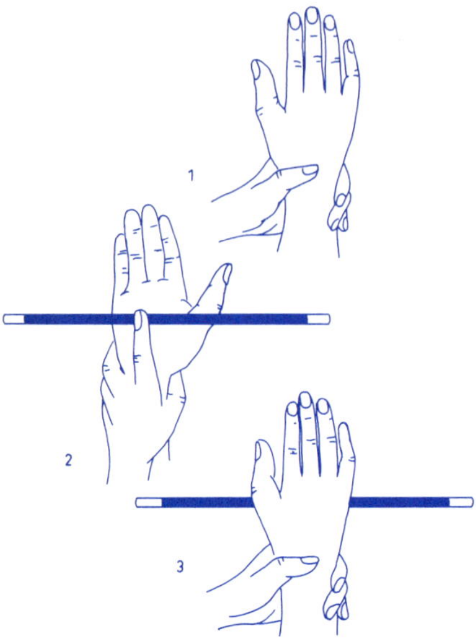

Schwebender Zauberstab

Der Zauberer legt den Zauberstab auf den Tisch. Mit der linken Hand umfaßt er das rechte Handgelenk (Abb. 1) mit der Bemerkung: »Ich umfasse mein Handgelenk kräftig, um auf diese Weise magnetische Ströme zu erzeugen.« Dann dreht er die rechte Hand um, so daß das Innere der Hand nach oben zeigt. »Bitte lege den Zauberstab in meine rechte Hand«, bittet er einen Zuschauer. Nun dreht er in einem etwas größeren Bogen die Hand mit dem Zauberstab um, so daß nur der nach oben zeigende Handrücken zu sehen ist. Der Zauberstab schwebt an der Hand (Abb. 3).

Lösung: Während dieser Drehbewegung legt der Zauberer unauffällig den Zeigefinger der linken Hand auf den Zauberstab (Abb. 2), so daß der Stab »schweben« kann (Abb. 3). Nach kurzer Zeit läßt der Zauberer den Zauberstab auf den Tisch fallen. Dabei zieht er den Zeigefinger wieder in die Ausgangsstellung zurück.

Durch den Trichter blasen

Der Zauberer fordert einen Zuschauer auf, durch einen Trichter hindurch eine Kerze auszublasen. Ganz instinktiv wird der Zuschauer die Mitte der Trichteröffnung auf die Flamme richten, und was passiert? Nichts, die Kerze brennt lustig weiter.

Lösung: Die Kerze flackert nicht einmal, denn die durchgeblasene Luft wird im konischen Teil des Trichters gestreut und entweicht entlang der

Trichterwand. Damit das Blasmanöver gelingt, muß der Rand des Trichters auf die Flamme gerichtet werden.

Magisches M

Der Zauberer sagt: »Zauberei gehört in das Fach »Magie«. Die Natur hat uns bereits das M in die Hand gegeben. Betrachtet man die Innenflächen der Hände, so ist darin das M zu sehen. Ich will nun zeigen, wie magisch dieses M bei einem Zauberer erscheinen kann.« Der Zauberer brennt ein Stück Papier im Aschenbecher an. Dann nimmt er die Aschenteile, legt sie auf die Innenseite der linken Hand und zerreibt die Asche etwas mit den Fingerspitzen der rechten Hand. Nun wird die Asche über den Aschenbecher abgeschüttelt. Auf der linken Handfläche ist das M deutlich dunkel gefärbt zu sehen.
Lösung: Der Zauberer hat zuvor mit einem etwas feuchten, spitzen Stück Seife das M dick auf die Handflächen gemalt. Die Asche bleibt auf der inzwischen leicht angetrockneten Seife hängen.

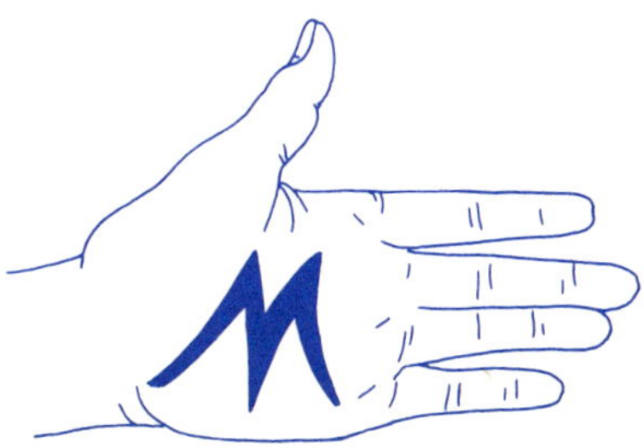

So müssen sich die beiden Mitspieler beim »kleinsten Mann der Welt« hinstellen.

DER KLEINSTE MANN DER WELT

Für diese Nummer werden zwei Spieler benötigt. Der erste steht hinter einem Tisch, der vorne zugehängt ist. Der Spieler trägt eine weite Jacke oder einen Pullover. Er hat jedoch seine Hände nicht durch die Arme dieses Kleidungsstückes gesteckt, sondern in ein Paar Schuhe, das vor ihm auf dem Tisch steht. Auf dem Kopf trägt er eine Mütze oder einen großen Hut.

Hinter dem ersten Spieler steht ein zweiter, der seine Arme um den ersten Spieler herum in die Ärmel der Jacke oder des Pullovers steckt. Er kann nun mit seinen Armen fuchteln und die Re-

den des »kleinsten Mannes« sinnvoll untermalen.

Weil die Zuschauer verblüfft denken, der kleinste Mann stehe auf dem Tisch und zudem die Arme oft recht seltsam rumfuchteln, wird es viel Gelächter geben.

SEILTÄNZER/IN

Besonderen Applaus erhält in der Regel der/die Seiltänzer/in. Die Artisten haben die Aufgabe, über ein auf dem Boden ausgelegtes Seil möglichst dramatisch zu balancieren. Dazu halten sie einen aufgespannten Regenschirm in der ausgestreckten Hand. Aus Kreppapier kann ein kurzes Röckchen gezaubert werden. Musik aus dem Kassettenrecorder unterstreicht die Wirkung des Auftritts.

DIE GROSSE RAUBTIERSCHAU

Alle mitgebrachten Stofftiere werden nun zur großen gemischten Raubtierdressur in die Manege gebracht. Bei älteren Kindern spielen die Kinder selbst die Raubtiere.

Zwei Kinder übernehmen die Rolle der Dompteure. Sie lassen die Bestien durch Reifen springen, über Besenstiele hüpfen und balancieren usw. Natürlich werden die besonders gefährlichen Dressurakte von der Kapelle mit einem Trommelwirbel untermalt.

PAUSE

Jetzt ist es Zeit für eine Pause, die in keinem Zirkus fehlen darf. Die Kinder essen ihr Eis am Stiel und stillen ihren Durst. Große Begeisterung können Sie auslösen, wenn zusätzlich noch ein Losverkäufer herumgeht und jeder Darsteller ein Los für ein kleines Geschenk erhält. Nach der Pause geht es dann mit Gemeinschaftsspielen weiter.

WELCHES TIER IST DAS?

Ein Kind stellt pantomimisch ein Tier dar (bei jüngeren Kindern kann auch die Stimme mitbenutzt werden). Die anderen Kinder versuchen zu raten, welches Tier gemeint ist. Wenn dies nicht glückt, darf das Kind durch weitere Gesten das Raten erleichtern. Wer das Tier erraten hat, darf das nächste Rätsel aufgeben. Das geht so lange, bis jeder ein Tier dargestellt hat.

ELEFANTEN TRÄNKEN

Die Kinder teilen sich in zwei gleich große Gruppen und stellen sich an einem Ende des Zimmers auf. Neben jeder Mannschaft steht ein Eimer mit Wasser. Die jeweils ersten Spieler erhalten einen Eßlöffel und die Instruktion:

»Die Elefanten sind durstig und brauchen Wasser. Schöpft diesen Löffel voll und bringt ihn zu den Elefanten, die sich auf der anderen Seite des Raums befinden. Gießt das Wasser in die leere Schüssel eurer Mannschaft und lauft dann schnell zurück und übergebt den Löffel dem nächsten.«

Sieger ist die Gruppe, die zum Schluß am meisten Wasser transportiert hat. (Meßbecher bereithalten.)

VERZAUBERTE KINDER

Ein Kind spielt den Zauberer. Es bekommt einen Kochlöffel als Zauberstab. Dieser hat die Macht, jeden, den er berührt, versteinern zu lassen.

Aufgabe des Zauberer ist es, möglichst schnell alle Kinder zu verzaubern. Die anderen bewegen sich (ohne zu rennen) durch den Raum. Wer von dem Zauberstab berührt wird, muß sofort unbeweglich stehen bleiben.

Die noch nicht verzauberten Kinder können die Statuen durch Antippen wieder erlösen. Sie müssen aber gleichzeitig aufpassen, nicht selbst verzaubert zu werden. Der Zauberer hat gesiegt, wenn es ihm gelungen ist, alle Kinder zu verzaubern.

RAKETE STEIGEN LASSEN

Für das Geburtstagskind, seine Mutter oder für die Spieler kann eine Rakete gezündet werden. Das geht so: Der Spielleiter streckt abwechselnd links und rechts seinen Arm aus. Jedesmal wenn das geschieht, wird einmal in die Hände geklatscht. Durch das gesteigerte Tempo wird auch das Klatschen beschleunigt. Jetzt wird auf Tisch, Oberschenkel oder Brust getrommelt, mit den Füßen getrampelt und zum Schluß ein lautes Ah ausgerufen.

Speisevorschläge

Zum Kaffee gibt es eine mit Schokoladenclowns oder -tieren verzierte Geburtstagstorte.

In der Pause wird Eis am Stiel und Fruchtsaft angeboten.

Nach der Vorstellung servieren Sie eine Mohrenkopftorte. Dazu brauchen Sie eine Springform, deren Boden mit Negerküssen ausgefüllt wird. Durch vorsichtiges Ausgießen mit Zuckerguß werden sie miteinander verbunden.

Darauf kommt die nächste Schicht Mohrenköpfe, die in der gleichen Weise miteinander verbunden werden. Um einen pyramidenförmigen Aufbau zu erreichen, nehmen Sie für jede Lage ein paar Negerküsse weniger. Den Abschluß bildet ein Mohrenkopf, in dem ein Fähnchen steckt. Dazu gibt es Kakao oder Limonade.

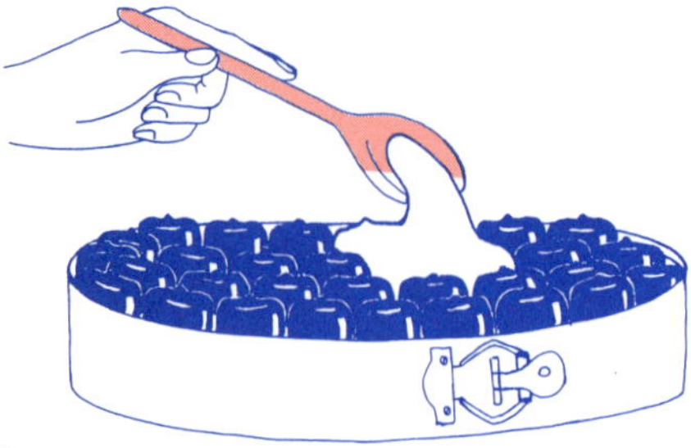

Mohrenkopftorte

Geschenktips

- Einen Zirkus mit Zelt und Wagen aus dem Wicking-Spielzeugprogramm.

- Stelzen;

- Stempelspiel (mit Tiermotiven zum Ausmalen).

(für jüngere Kinder):
- *John Burningham,* Simp, der Hund, den niemand wollte.
Ravensburger Bilderbuch – Preiswerte Reihe.
Das Bilderbuch erzählt die Geschichte eines kleinen Hundes, der von einem Zirkusclown aufgenommen wird.

- *Stefan Lemke* und *Marie-Luise Lemke-Pricken,*
Tiere, Clowns und Akrobaten.
Das Bilderbuch über den Zirkus.
Ravensburger Bilderbuch – Preiswerte Reihe.
Das Bilderbuch schildert einen Zirkus, seinen Aufbau und seine Arbeit.

- *Otfried Preußler* und *Herbert Lentz,*
Die dumme Augustine.
K. Thienemanns Verlag Stuttgart.
Das teure, jedoch sehr ansprechend aufgemacht und liebenswert erzählte Bilderbuch, schildert das Leben der Frau eines Clowns, die – als sie nötig gebraucht wird – einspringt und die Leute im Zirkus zum Lachen bringt.

für ältere Kinder:
- *Norbert Erhard* und *Wolfgang Zacharias,*
Mach mit im Zirkus Pumpernudel.
Ein Aktionsbuch aus dem Verlag Otto Maier, Ravensburg.
Der Bildband erzählt von Jungen und Mädchen, die Zirkus spielen.

Der Schatz vom Silbersee

Im Alter von neun bis zwölf Jahren interessieren sich viele Jungen und Mädchen für das Leben der Indianer. Es liegt deshalb nahe, diese Vorliebe aufzugreifen und einen Kindergeburtstag einmal als Indianerfest zu planen.

Dabei sind natürlich nicht die »kriegerischen« Fähigkeiten der kleinen Cowboys und Indianer gefragt, sondern ihr Spürsinn wird mit einer Schatzsuche auf die Probe gestellt.

Sich außerhalb der Faschingszeit einmal als Indianer oder Cowboy zu verkleiden, wird den Kindern zusätzlich Spaß machen.

Einladung

Da Indianer kein Papier kannten, wird die Einladung auf »Pergament« geschrieben. Dazu schneiden Sie eine entsprechende Anzahl 25 bis 30 cm lange Stücke von einer Rolle Butterbrotpapier ab. Das Geburtstagskind schreibt darauf die Einladungen – am besten mit Filzstift. Um das Ganze noch echter wirken zu lassen, werden zum Schluß die Ränder angesengt, das Papier zusammengerollt und mit einem Stück bunter Schnur verschlossen.

Planung

Gerade beim Indianerfest bietet es sich an, einen Teil der Aktivitäten ins Freie zu verlegen. Wer einen Garten hat, sollte diesen – wenn die Witterung es zuläßt – mit einbeziehen. Steht diese Möglichkeit nicht zur Verfügung, kann

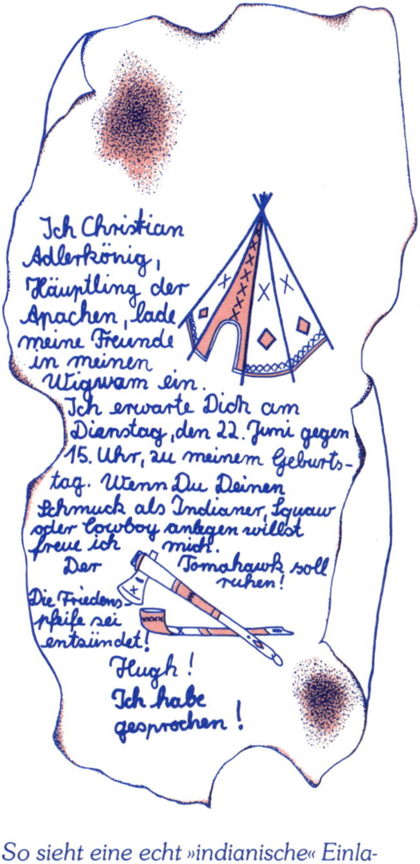

So sieht eine echt »indianische« Einladung aus.

natürlich auch in der Wohnung gefeiert werden.

Alle Kinder erhalten zu Beginn der Geburtstagsfeier einen selbstgefertigten Kopfschmuck. Dazu werden 5 cm breite Kartonstreifen, die etwa 40 cm lang sind, an den Enden mit Hutgummi verbunden. Wenn vorhanden, kann in einen dafür vorbereiteten Schlitz eine Gänsefeder gesteckt werden. Eine aus Pappe gefertigte, entsprechend bemalte Imitation erfüllt aber auch ihren Zweck. Auf den Kartonstreifen wird später der vom Kind gewählte Indianername geschrieben.

Außerdem steht noch eine Kiste mit Kleidungsstücken bereit, damit sich die Kinder, die keine Indianer- oder Cowboyausrüstung haben, auch verkleiden können.

Kopfschmuck für einen Geburtstagsindianer.

Zur Einstimmung auf das Thema beginnt das Fest mit einem kurzen Indianerquiz. Dann stärken sich die Gäste erst einmal an der Kaffeetafel. Anschließend erfolgt die Namensgebung. Um die Namensvorschläge für alle sichtbar zu notieren, sollten Sie Packpapier oder eine alte Tapetenrolle und einen dicken Filzstift bereithalten.

Diese Materialien können Sie dann beim Lernen der Indianerzeichen gleich noch einmal gebrauchen.

Im Mittelpunkt des Nachmittags steht die Suche nach dem Silberseeschatz. Der Schatz enthält Süßigkeiten und kleine Geschenke: Kaugummi, kleine Hefte, Bleistiftspitzer, lustige Radiergummis, Lakritzpfeifen (die später als Friedenspfeifen geraucht werden können) u. a. Für jedes Kind sollten zwei bis drei Geschenke besorgt werden.

All diese Kleinigkeiten werden in Gold- oder Alufolie verpackt und jedes mit einer Nummer versehen. Das Ganze kommt in einen hübsch beklebten Karton, die Schatztruhe. Für die spätere Verlosung des Schatzes müssen außerdem noch Lose mit den entsprechenden Nummern vorbereitet werden.

Die Gestaltung der Schatzsuche richtet sich in erster Linie nach den räumlichen Gegebenheiten. Zur Verwirklichung des in diesem Kapitel vorgestellten Vorschlags, müssen Sie vor dem Fest noch folgende Vorbereitungen treffen:

- Sechs Botschaften an die »Apachen« müssen geschrieben und z. T. gezeichnet werden (Text siehe Kapitel Spielvorschläge).
- Vier dieser Botschaften müssen vor Eintreffen der Gäste (und ohne daß das Geburtstagskind es merkt!) versteckt werden:
hinter dem Spiegel im Flur,
in einem Handschuh,
auf der Terrasse/dem Balkon und
im Garten.

Der Schatz selbst liegt dann beispielsweise in der Garage. Außerdem brauchen Sie noch:

- eine Plakette zum Anstecken mit einem großen A darauf,
- ein paar im Freien ausgelegte Indianerzeichen.

Zum Abschluß des Festes gibt es ein gemeinsames Würstchengrillen. Wenn möglich, sollte dafür ein Grillplatz im Freien vorbereitet oder aber eine entsprechende Möglichkeit in der Küche geschaffen werden.

Dekoration

Papiergeschäfte verkaufen Servietten und Pappgeschirr mit Indianer- und Cowboymotiven. Dazu werden Tischkarten mit typischen Indianergegenständen bemalt. Als Motive bieten sich Zelte, Tomahawks, Friedenspfeifen, Halsketten oder Federschmuck an.

Bestimmt freuen sich die Gäste, wenn sie vor ihrem Platz einen Plastikindianer finden. Als Dekoration für den Geburtstagstisch bieten sich selbstgebastelte größere »Wigwams« an. Die Indianerfiguren sind in jedem Spielwarengeschäft erhältlich.

Besonders zünftig wird es, wenn die Möglichkeit besteht, im Garten oder auf der Terrasse ein Zelt aufzubauen, wohin sich die Indianer zur Beratung zurückziehen können.

Tischkarte

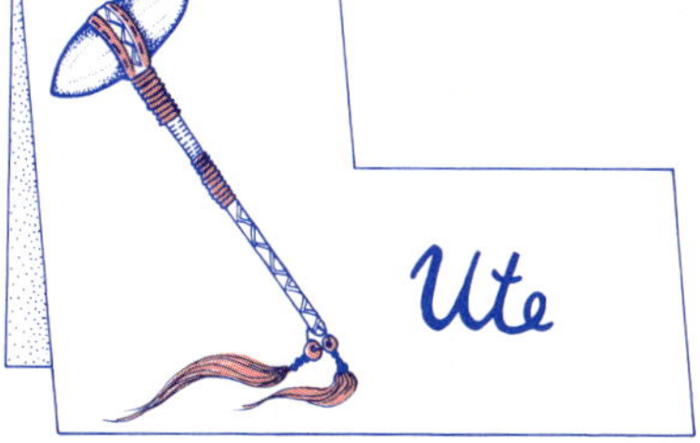

Spielvorschläge 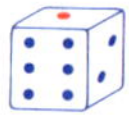

INDIANERQUIZ

Vor dem Kaffeetrinken sammeln sich die Gäste zunächst zu einer kurzen Quizrunde. Dabei werden Fragen aus dem Leben der Indianer gestellt.
Hier einige Beispiele:

Frage:	**Antwort:**
1. Wo leben die Indianer?	*In Nord- und Südamerika oder Amerika.*
2. Was ist ein Wigwam?	*Ein Zelt, das Haus der Indianer.*
3. Wer war Winnetou?	*Der Häuptling der Apachen.*
4. Was ist ein Tomahawk?	*Das Kriegsbeil der Indianer; es wurde als Schlag- oder Schleuderwaffe verwendet.*
5. Was ist die Prärie?	*Das nordamerikanische Grasland.*
6. Warum werden die Indianer »Rothäute« genannt?	*Wegen ihrer Bemalung.*
7. Was ist eine Squaw?	*Die Frau eines Indianers.*
8. Welchen Kopfschmuck trugen die Indianer?	*Federschmuck.*
9. Wo leben die meisten Indianer heute?	*In Reservaten.*
10. Wie verständigen sich die Indianer über große Entfernungen hinweg?	*Mit Rauchzeichen oder Trommeln.*
11. Wie heißt der »Arzt« der Indianer.	*Medizinmann.*
12. Was ist die traditionelle Bewaffnung der Indianer?	*Pfeil und Bogen, Tomahawk.*
13. Welches Tier war die Hauptnahrungsquelle der Indianer?	*Der Büffel oder Bison.*
14. Was ist ein Tabu?	*Ein Verbot.*

NAMENSGEBUNG

Die Namen der Indianer sind nicht nur sehr bildhaft, sondern charakterisieren gleichzeitig ihren Träger. So wird jemand, der »Schneller Fuß« heißt, ein besonders guter Läufer sein, ein Indianer mit dem Namen »Adlerauge« besonders scharf sehen können usw.

Solche Namen, die auch etwas über ihren Träger aussagen, sollen die Kinder jetzt für sich finden. Vater oder Mutter machen den »Spielleiter«. Ein großes Stück Papier (Packpapier oder eine alte Tapetenrolle) wird an die Wand gehängt und dort alle Namensvorschläge aufgeschrieben. Die »Ratsversammlung« der Indianer(kinder) macht für jeden Gast Vorschläge, wie er denn heute als Indianer heißen soll.

Sind genügend Vorschläge notiert, wählt sich das Kind den Namen, der ihm am besten gefällt. Gefällt dem Kind keiner der bisher gemachten Vorschläge, müssen die anderen weitere Namen erfinden. So wird vermieden, daß ein Kind mit einem ungeliebten Namen vorlieb nehmen muß. So geht es weiter, bis jeder seinen Indianernamen hat. Dieser wird dann auf das Stirnband des Kopfschmuckes geschrieben.

DIE ZEICHENSPRACHE DER INDIANER

Aus Zweigen oder Steinen legt der Indianer Zeichen, durch die er sich mit seinen Stammesbrüdern verständigt. Einige dieser Waldläuferzeichen lernen die Kinder, bevor die eigentliche Schatzsuche losgeht.

Wieder wird ein großes Stück Papier an die Wand geheftet und alle Zeichen mit ihrer Bedeutung nacheinander hingeschrieben und erklärt. Wenn Sie den Eindruck haben, die Kinder haben Schwierigkeiten, sich die Zeichen zu merken, weisen Sie sie ruhig auf die Möglichkeit von Geheimnotizen, z. B. mit einem Kugelschreiber auf den Unterarm, hin.

= Gefahr

= Warte 2 Minuten!

= Freund

= Feind

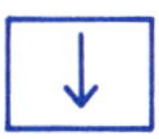
= Hier liegt ein Brief.

= Der Brief liegt 3 m entfernt.

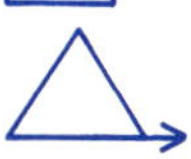
= zum Lager

→ = In dieser Richtung gehen.

⤵ = rechts abbiegen

–||→ = Hindernis

X = Halt

Indianerzeichen

DIE SCHATZSUCHE

Die Geburtstagsgäste werden nun zum Stamm der Apachen, die mit Hilfe der entsprechend vorbereiteten Botschaften den Schatz aus dem Silbersee finden müssen. Die im folgenden geschilderte Schatzsuche ist dabei als Anregung für die Gestaltung eines solchen Spiels zu verstehen. Ob man es so oder besser anders organisiert, hängt von den jeweiligen räumlichen Möglichkeiten ab.

1. Botschaft
(wird den Apachen ausgehändigt)

> An die Apachen!
> Edle Rothäute!
>
> Es ist uns zu Ohren gekommen, daß ein paar geldgierige Schurken den im Silbersee eigentlich für immer begraben geglaubten Schatz gehoben haben und jetzt an einem geheimen Ort versteckt halten. Diesen Schatz sollt Ihr finden und wieder in die Hände seiner rechtmäßigen Besitzer, der Rothäute, bringen. Dazu müßt ihr mehrere Botschaften aufspüren und entschlüsseln.
> Damit Ihr die nächste Botschaft findet, müßt Ihr alle Geburtstagsgäste beobachten. Ein Gast *(der vorher entsprechend informiert wurde)* trägt versteckt eine Plakette mit einem »A«. Wenn Ihr diese Plakette entdeckt habt, dürft Ihr fragen: »Hast Du eine Botschaft an die Apachen?«
> Dann werdet Ihr die 2. Botschaft erhalten.
> Bitte nur beobachten!

2. Botschaft
(Diese wird der Gruppe durch die Kontaktperson ausgehändigt. Falls es sich um einen der Geburtstagsgäste handelt, kann er sich nun mit den anderen an der weiteren Schatzsuche beteiligen.)

> Hier ist ein Rätsel. Löst es! Wenn Ihr richtig geraten habt, findet Ihr im Flur diesen Gegenstand.
>
> Rätsel
> Was du machst, das mach auch ich:
> wenn du lachst, dann lach auch ich,
> stehst du still, dann steh ich auch,
> gehst du, nun dann geh ich auch.

Recke, rüttle, bücke dich,
strecke, dehne, schüttle dich;
was du tust, das tu auch ich.
Sage, Rothaut, kennst du mich?

Wenn Ihr das Rätsel gelöst habt, geht in den Flur zu dem bezeichneten Gegenstand. Hinter diesem Gegenstand findet Ihr die 3. Botschaft.

Im Flur hinter dem Spiegel wurde vorher die 3. Botschaft versteckt, die nun von der Gruppe gefunden wird.

3. Botschaft

Löst nun auch das 2. Rätsel!

Rätsel
Fünf Höhlen in einem Loch:
rate, was ist das doch?

Seht Euch im Flur um. Der zu ratende Gegenstand liegt dort in der Nähe des Spiegels. Schaut hinein. In ihm ist die nächste Botschaft versteckt.

In einem Handschuh (Lösung des 2. Rätsels), der in die Nähe des Spiegels gelegt wurde, findet die Gruppe dann die 4. Botschaft.

4. Botschaft

Damit Ihr den nächsten Ort erraten könnt, an dem eine weitere Botschaft versteckt ist, müßt ihr eine verschlüsselte Nachricht lesen.

Die Nachricht lautet:
ZA RU ZI ZI RO ZE ZE RU

Glücklicherweise ist der Schlüssel versehentlich bei der Nachricht liegen geblieben.
Er lautet:

	O	I	E	A	U
R	a	b	c	d	e
D	f	g	h	i	k
F	l	m	n	o	p
Z	q	r	s	t	u
N	v	w	x	y	z

Könnt Ihr jetzt die Nachricht lesen? Ein Tip noch: ein V in dieser Geheimschrift ist NO, ein M = FI.
Wenn Ihr die Geheimschrift entschlüsselt habt, geht zu dem Ort, der genannt wird. Dort ist die nächste Botschaft versteckt.

Falls die Kinder trotz der Hinweise nicht auf den Schlüssel für die Geheimschrift kommen, sollten die Eltern Hilfe leisten.

»Jeder Buchstabe wird durch zwei andere ersetzt, jeweils einen Mitlaut und einen Selbstlaut. Die Mitlaute stehen links von der Tabelle und geben an, in welcher Reihe der verschlüsselte Buchstabe zu finden ist. Durch die Selbstlaute oben über der Tabelle wird die Spalte bestimmt. Wo Reihe und Spalte sich kreuzen, findet Ihr den gesuchten Buchstaben.«

Das hier verschlüsselte Wort heißt: »Terrasse«; dort wurde die nächste Botschaft versteckt. Natürlich ist auch jeder andere Ort geeignet, nur muß dann das Buchstabenrätsel entsprechend geändert werden.

Durch die Rechnung kommt eine Telefonnummer heraus. Wir bitten eine Kontaktperson, beim Anruf zu sagen:

»Verlaßt Euren Wigwam. Wenn Ihr aus der Haustür heraustretet, werdet Ihr ein Indianerzeichen entdecken. Folgt ihm, es wird Euch den Weg zur nächsten Botschaft zeigen.«

(Natürlich müssen Sie eine entsprechend andere Telefonnummer einsetzen und deshalb bei der Vorbereitung eine andere Rechnung aufstellen.)

Die Indianerzeichen – ob man eines oder mehrere davon auslegt, hängt von der zu bewältigenden Wegstrecke ab – führen die Kinder zum Fundort der nächsten Botschaft. Vielleicht in den Garten?

5. Botschaft

1. Rechnet bitte:
25 x 12 = ? x 3 = ? x 10 = ?
– 4873 = ?

2. Das Ergebnis Eurer Rechenaufgabe ist eine Telefonnummer. Laßt sie durch die Mutter des Geburtstagskindes überprüfen.

3. Ruft diese Nummer an.
Meldet Euch so:
»Hier sind die Apachen. Haben Sie eine Nachricht für uns?«

4. Merkt Euch die Antwort und verabschiedet Euch mit:
»Hugh, ich habe gesprochen!«

6. Botschaft

Löst dieses Kreuzworträtsel!

Waagrecht:

3. Wird beim Staffellauf weitergegeben *(Stab)*

6. Verschließbarer Schuppen für ein Auto *(Garage)*
8. Rufen die Menschen zum Gottesdienst *(Glocken)*
9. Trinkgefäß *(Kelch)*

Senkrecht:
1. Baumaschine *(Bagger)*
2. Spielzeug *(Ball)*
4. Kleidungsstück *(Rock)*
5. Abdeckung eines Hauses *(Dach)*
7. Tierfutter *(Klee)*

Wenn Ihr das Rätsel vollständig gelöst habt, meldet Euch bei der Mutter des Geburtstagskindes. Sie wird mit Euch zu 6 waagrecht gehen, wo der Schatz versteckt ist.

Der Schatz, der in der Garage versteckt ist, wird dann von der Gruppe gefunden. Haben Sie einen anderen Ort als Versteck des Schatzes gewählt, muß das Kreuzworträtsel natürlich entsprechend verändert werden.

Speisevorschläge

Zu Beginn stärken sich die Gäste für die Schatzsuche an der Kaffeetafel.

Zum Abschluß des Indianerfestes gibt es eine große Grillrunde. Besonders zünftig ist es, wenn jedes Kind sein Würstchen an einem Stöckchen befestigt und selbst grillt. Dazu werden Brötchen und ein Getränk (Tee und/oder Limonade) gereicht.

Geschenktips

- Kopfschmuck für eine Indianerausrüstung.
- Winnetou-Quartett.
- Musikkassette »Winnetou«, Europa-Verlag.
- Indianerbuch: *Thiel* und *Anton*, Erklär mir die Indianer, Piper Kindersachbuch.
- 1 Paar Mokassins (als feste Straßenschuhe zu haben).
- *W. Ben Hunt*, So wirst du ein echter Indianer, Schneider Buch, Informationen zu Sitten, Kleidung, Tänzen usw. der Indianer.
- *Karl May* Bücher.
- Buch über Perlensticken und Weben.
- Indianischer Ring/Schmuckstück.
- Ein Gutschein für einen Kursus in Bogenschießen.

Jetzt geht es rund

Für heranwachsende Kinder ab zehn Jahren stellt das Fahrrad einen wichtigen Besitz dar: Es verleiht Beweglichkeit und einen gewissen Grad von Unabhängigkeit. Wenn die Eltern den Kindern erlauben, selbständig und unbeaufsichtigt mit dem Fahrrad kleine Aufträge zu erledigen oder gar zur Schule zu fahren, ist das ein großer Vertrauensbeweis und für das Kind ein wichtiger Schritt auf dem Weg zum Erwachsenwerden.

Da viele Kinder in diesem Alter ein Fahrrad besitzen und dies auch schon recht gut beherrschen, bietet sich eine Geburtstagsrallye an. Dabei muß eine bestimmte Strecke zurückgelegt werden, auf der zwischendurch eine Anzahl von Aufgaben zu lösen sind.

Einladung

DIN A 5 Blätter werden in der Mitte gefaltet. Auf die Titelseite kleben Sie ein Foto eines Fahrrades, das z.B. aus Katalogen und Prospekten ausgeschnitten werden kann. Bestimmt macht es dem Geburtstagskind Spaß, für jeden Gast das »passende« Fahrrad herauszusuchen.

Auf die Innenseite schreibt das Geburtstagskind die Einladung:

Einladungskarte

Liebe Dagmar!
In diesem Jahr lade ich Dich herzlich zu einer

GEBURTSTAGSRALLYE

ein.
Komm doch bitte am 15. August pünktlich um 14.15 Uhr mit Deinem Fahrrad zu uns.
Wir wollen nach einer kurzen Stärkung starten.
Wir werden um 19 Uhr wieder zurück sein.

Petra

Planung

Eine solche Rallye erfordert recht viel Planung und Vorbereitung. Sie sollten deshalb schon etwa vier Wochen vor dem Fest damit beginnen. Wenn sich

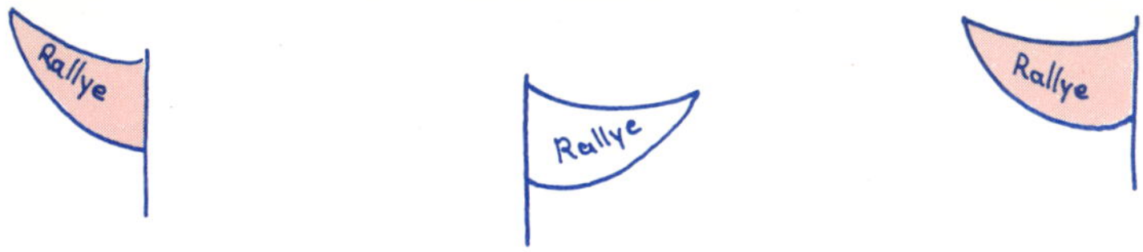

die ganze Familie an der Suche nach der besten Strecke und den passenden Aufgaben beteiligt, kann das aber viel Spaß machen.

Wer auf dem Lande oder in einer kaum befahrenen Wohngegend lebt, wird wenig Schwierigkeiten haben, eine geeignete und entsprechend ungefährliche Rallyestrecke festzulegen. Schwieriger ist dies schon in Großstädten oder stark befahrenen Ortskernen. Hier sollten Sie in nahegelegene Parks ausweichen oder – wenn das nicht möglich ist – mit öffentlichen Verkehrsmitteln, in denen das Mitführen von Rädern erlaubt ist, in Randbezirke oder Naherholungsgebiete fahren.

Es ist günstig, einen Rundkurs zusammenzustellen. Dieser sollte entweder von der Wohnung des Geburtstagskindes oder von einem markanten Punkt ausgehen, damit die Kinder, falls sie sich verfahren sollten, Passanten nach dem Weg fragen können. Auf jeden Fall sollte ein möglichst ebener Platz in der Nähe sein, auf dem eine Hindernisstrecke aufgebaut werden kann.

Ganz wichtig ist es, sich vorher mit den Eltern der eingeladenen Kinder in Verbindung zu setzen und um das Einverständnis zur Teilnahme am Fahrradspiel zu bitten.

Damit möglichst wenig Zeit durch eine ausgiebige Kaffeetafel verloren geht, wird ein »Stehkaffee« vorbereitet: Auf einem Tisch stehen Kuchen, Getränke und Marschverpflegung. Jeder kann sich selbst bedienen. Die Reste der Kaffeetafel bleiben stehen, denn nach der ersten Etappe der Rallye sind die »Teilnehmer« sicher wieder hungrig und durstig. Als Marschverpflegung eignen sich leicht zu transportierende Lebensmittel wie Äpfel und eine kleine Tafel Schokolade.

Nach der Rallye geht es zu einem Ruheplatz, wo die Siegerehrung stattfindet und das Picknick mit Würstchengrillen veranstaltet wird. Wenn Start und Ziel am Haus des Geburtstagskindes liegen, kann dafür der Garten oder die Terrasse hergerichtet werden. Besteht diese Möglichkeit nicht, sollten Sie einen nicht zu weit entfernten Rasenplatz auswählen.

Für die Rallye selbst müssen folgende Vorbereitungen getroffen werden:

1. Auswahl der geeigneten Strecke
Die Bewältigung des Rundkurses sollte nicht länger als 15 Minuten reine Fahrzeit erfordern, so daß die Kinder mit der Zeit, die sie zur Durchführung der Aufgaben brauchen, eine halbe bis maximal eine dreiviertel Stunde unterwegs sind.

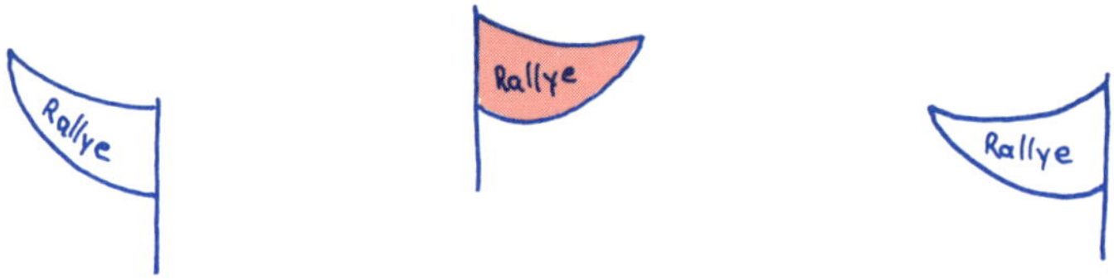

2. Markierung der Wegstrecke
Am Morgen vor dem Fest wird die Strecke mit grünen und roten Pfeilen (aus Pappe ausschneiden) gekennzeichnet. Die grünen Pfeile sind die Richtungsangaben, ein roter Pfeil markiert eine Aufgabe.

Wie viele Pfeile Sie insgesamt brauchen, hängt von der Zahl der Richtungsänderungen und der vorgesehenen Aufgaben ab. Planen Sie aber lieber ein paar Pfeile mehr ein, damit die Kinders nichts übersehen.

3. Aufgaben zusammenstellen
Auf der Wegstrecke sollen von den Kindern fünf bis sechs kleine Aufgaben gelöst werden. (Anregungen zu möglichen Aufgabenstellungen finden Sie im Kapitel Spielvorschläge.)

Die Aufgaben werden auf einen Zettel geschrieben, und jedes Kind erhält eine Kopie davon. Damit das Notieren der Ergebnisse nicht zu schwierig wird, kleben Sie diese Zettel auf etwas festeren Karton, z. B. von einem Zeichenblock, und binden einen Kugelschreiber dran.

4. Aufbau des Hindernisparcours
Während die Kinder »auf der Strecke sind«, bauen Helfer auf einem möglichst ebenen Platz den Hindernisparcours für die zweite Etappe der Rallye auf. (Vorschläge, wie ein solcher Parcours aussehen kann und welche Materialien Sie dafür benötigen, finden Sie ebenfalls im Kapitel Spielvorschläge.)

Außerdem sollten Sie noch bereitstellen:

- Einen Erste-Hilfe-Kasten, falls es Verletzungen geben sollte.
- Zwei Telefongroschen für jeden Mitspieler, damit die Kinder sich melden können, falls auf der Strecke irgendetwas Unvorhersehbares passiert. Bitte achten Sie darauf, daß unter der angegebenen Telefonnummer auch tatsächlich jemand zu erreichen ist und diese Person zur Not auch Hilfe leisten kann.

Und nun kann die Rallye starten!

Dekoration

Start und Ziel können Sie mit Fahrradwimpeln schmücken, die später an die Kinder verteilt werden. Da nur ein Stehkaffee und Würstchengrillen vorgesehen sind, erübrigen sich eine aufwendige Tischdekoration oder Tischkarten.

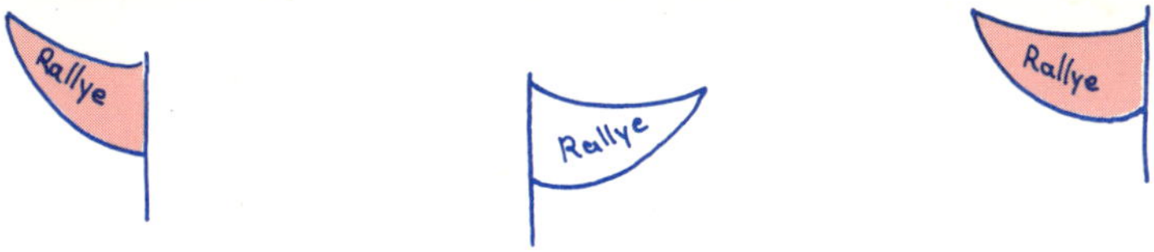

Spielvorschläge

DER RALLYEKURS

Die Teilnehmer starten im Abstand von fünf Minuten. Die genaue Abfahrtszeit eines jeden wird notiert, ebenso natürlich die Ankunftszeit.

Jedes Kind erhält bei der Abfahrt einen Plastikbeutel mit folgendem Inhalt:

- Das auf Pappe aufgeklebte Blatt mit den Rallye-Aufgaben und einem Kugelschreiber an einer Schnur.
- Materialien, um das Fahrrad zu schmücken; zwei Rollen verschiedenfarbiges Kreppapier, ein paar Bierdeckel und Tesafilm.
- Telefongroschen und Telefonnummer für Notfälle.
- Eine nicht zu große Papiertüte für die Aufgabe Nr. 6.
- Marschverpflegung.

Die Aufgaben, die es zu bewältigen gilt, können etwa folgendermaßen aussehen:

Herzlich Willkommen zu unserer Rallye!

Um die Rallyestrecke zu bewältigen, mußt Du immer den grünen Pfeilen folgen. Ein roter Pfeil zeigt Dir an, daß nun eine Aufgabe folgt. Dann sieh auf diesem Zettel nach, was als nächstes dran ist. Hier gleich Deine erste Aufgabe:

1. Aufgabe:
Fahre immer den grünen Pfeilen nach. Mache für jeden grünen Pfeil, den Du siehst, einen Strich auf diesen Zettel. Wie viele Pfeile sind es vom Start bis zum ersten roten Pfeil?
Ergebnis: ____________________
(Auswertung: 20 Punkte für die richtige Antwort; jede Abweichung von der richtigen Zahl ergibt einen Punkt Abzug.)

2. Aufgabe:
Wenn Du am Tennisplatz (der Kirche, dem Museum…) vorbeikommst, halte an. Wie sind die Öffnungszeiten?
Ergebnis: ____________________
____
____
(Auswertung: 20 Punkte für die vollständige und richtige Lösung, 10 Punkte, wenn nur eine Teillösung vorliegt.)

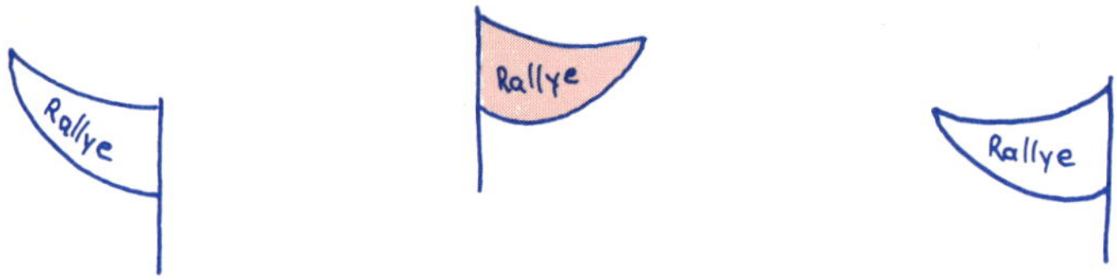

3. Aufgabe:
Folge weiter den grünen Pfeilen. Wenn Du in den Feldweg eingebogen bist, halte beim roten Pfeil an und schmücke Dein Rad mit dem Kreppapier und den Bierdeckeln.
(Auswertung: bis maximal 100 Punkte, je nach Schönheit des Schmuckes.)

4. Aufgabe:
Der nächste rote Pfeil ist an einem Baum befestigt. Was für ein Baum ist das?
Ergebnis: ____________________
(Auswertung: 20 Punkte für die richtige Lösung.)

5. Aufgabe:
Kurz hinter dem nächsten roten Pfeil geht eine Straße rechts ab. Wie heißt diese Straße, und welche Hausnummer hat das 3. Haus? Wie heißen die Leute, die das Haus bewohnen?
Ergebnis: ____________________
Straße: ____________________
Hausnummer: ____________________
Name: ____________________
(Auswertung: 10 Punkte für jede richtige Antwort, also maximal 30 Punkte.)

6. Aufgabe:
Sammle auf dem letzten Teil der Strecke möglichst viele Dinge, die mit »K« anfangen. Sie dürfen allerdings nicht zu groß sein, denn sie müssen alle in die Papiertüte passen.
(Auswertung: 10 Punkte für jeden richtigen Gegenstand, 20 Punkte für besonders originelle Lösungen.)

Bei der letzten Aufgabe kann jedes Kind einen anderen Buchstaben bekommen. Man sollte allerdings darauf achten, daß der Schwierigkeitsgrad nicht zu unterschiedlich ausfällt.

Wenn die Kinder das Ziel erreichen, wird die Zeit notiert. Bis alle eingetroffen sind, stärken sich die Gäste beim »Stehkaffee« mit erfrischenden Getränken.

Die Auswertung für die Rallye kann folgendermaßen aussehen:

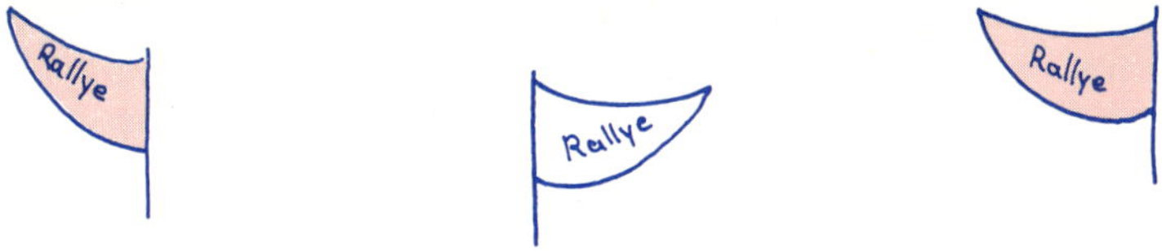

Teilnehmer	Petra	Dagmar	Sylvia	Stephan
Abfahrt	15.30	15.35	15.40	15.45
Ankunft	16.10	16.10	16.25	16.15
Zeit	40 min	35 min	45 min	30 min
Zeitpunkte	2	3	1	4
1. Aufgabe	20	18	20	15
2. Aufgabe	20	20	20	20
3. Aufgabe	70	40	100	60
4. Aufgabe	–	20	–	20
5. Aufgabe	20	30	30	10
6. Aufgabe	50	60	30	70
Summe	182	191	201	199
Minuspunkte				
Gesamtergebnis				

Da die Zeit bei dieser Rallye nicht überbewertet werden soll, gibt es lediglich eine Rangreihe. Das schnellste Kind bei z. B. zehn Teilnehmern erhält 10 Pluspunkte, das nächstschnellste 9 usw.

Die Vergabe der Punkte für die Aufgaben drei und sechs erfolgt gemeinschaftlich durch Abstimmung.

DER HINDERNISPARCOURS

Der zweite Teil der Rallye besteht aus einem Parcours mit Hindernissen, der entweder möglichst schnell oder möglichst fehlerfrei zu bewältigen ist. Jeder Fehler bringt Minuspunkte, deren Summe dann von den im ersten Teil erzielten Pluspunkten abgezogen wird. Wenn die Zeit reicht und die Kinder Lust dazu haben, können auch zwei Durchgänge stattfinden.

Der Parcours kann z. B. folgendermaßen aussehen:

Der Start wird durch eine deutlich markierte Linie gekennzeichnet. Die Kinder, die gerade nicht »dran« sind, stellen sich als Hindernisrichter entlang der Strecke auf und notieren die Fehler. (Papier und Stifte bereithalten!) So ist gesichert, daß auch diejenigen, die den Parcours schon bewältigt haben, weiterhin aufmerksam dabei sind.

1. Aufgabe: Ein paar Meter hinter dem Start beginnt eine S-förmige Kurvenstrecke, die so angelegt sein soll, daß es schon eine gewisse Geschicklichkeit erfordert, sie fehlerfrei zu passieren. Wenn der Untergrund aus Asphalt besteht, kann man die Strecke mit Kreide aufzeichnen. Sonst wird der Streckenverlauf mit Fahrradwimpeln oder Steinen gekennzeichnet.

Auswertung: Jedes Berühren der Abgrenzung bringt einen Minuspunkt. Absteigen oder das Verlassen der Strecke fünf Minuspunkte.

Die S-förmige Rallyestrecke kann mit Kreide auf den Boden gemalt, mit Steinen begrenzt oder mit Wimpeln gekennzeichnet werden. Vergessen Sie den Start- und Zielstrich nicht!

2. Aufgabe: Unter einem Tor durchfahren, ohne die, oben lose aufgelegte, Stange herunterzuwerfen.

Auswertung: Ein Minuspunkt für das Berühren der Stange, auch wenn diese nicht herunterfällt. Fünf Minuspunkte, wenn die Stange fällt.

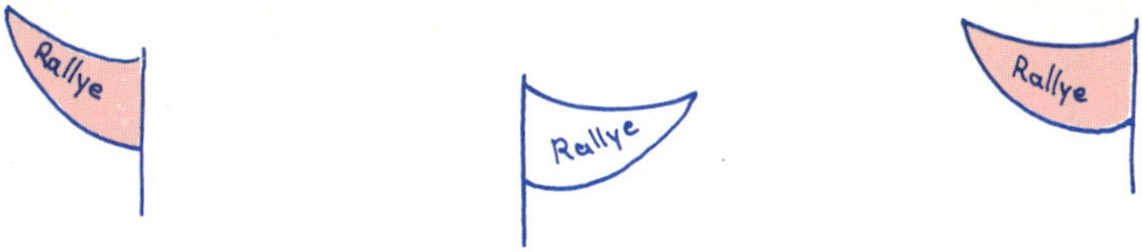

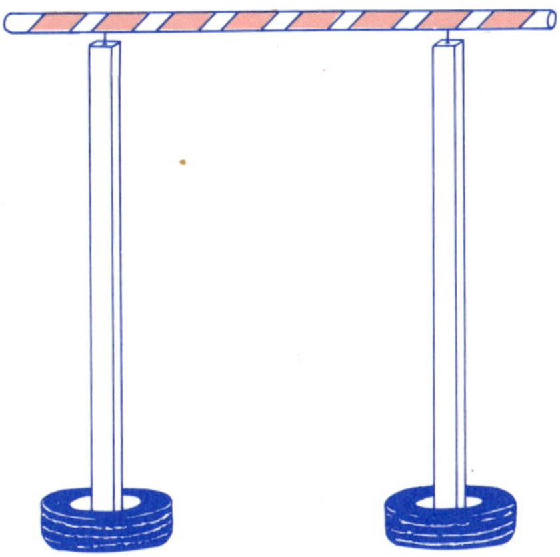

Beim Tor zum Hindurchfahren (2. Aufgabe) sollte die Querlatte in ca. 125 cm Höhe ganz locker auf zwei Nägeln liegen.

3. Aufgabe: Drei Hindernisse in einer bestimmten Zeit überwinden. Dabei muß das Fahrrad über die Hindernisse, z. B. drei stabile, nicht zu hohe Holzkisten, getragen werden. (Vorher ausprobieren, in welcher Zeit sich das schaffen läßt und dies als Höchstzeit ansetzen.)
Auswertung: Jede Sekunde Überschreitung der Höchstzeit ergibt einen Minuspunkt. Da bei dieser Aufgabe die Zeit gestoppt werden muß, sollte möglichst ein Erwachsener Hindernisrichter sein.

4. Aufgabe: Dieselbe Strecke, die eben noch als Hindernisstrecke gedient hat, wird mit zwei Handgriffen in eine Schnellstrecke verwandelt. Dazu wird die mittlere Kiste entfernt und die beiden anderen an den Rand gerückt.

Aufgabe ist jetzt, diese Strecke so schnell wie möglich dreimal zu durchfahren. Jeweils am Ende der Strecke, angezeigt durch die Kisten, muß gewendet werden.

Ob die Kinder absteigen oder eine enge Kurve fahren, bleibt ihnen selbst überlassen. Auch hier wird die Zeit gestoppt.
Auswertung: Wieder wird durch vorheriges Ausprobieren eine Höchstzeit festgesetzt, in der die Strecke durchfahren werden muß. Jede zusätzliche Sekunde ergibt einen Minuspunkt.

Zwar sollte die Zeitnahme bei Aufgabe drei und vier durch einen Erwachsenen oder ein älteres Kind erfolgen (nach Möglichkeit mit einer Stoppuhr), aber die anderen Rallyeteilnehmer können hier als Protokollanten eingesetzt werden.

5. Aufgabe: Der Fahrer bekommt einen Klöppel in die Hand und muß vom fahrenden Rad aus einen Gong anschlagen, der in einer passenden Höhe, z. B. an einem Ast, aufgehängt wurde. Hat er den Gong angeschlagen, ist er im Ziel.
Auswertung: Jeder fehlgeschlagene Versuch, den Gong zu treffen, wird mit fünf Minuspunkten geahndet.

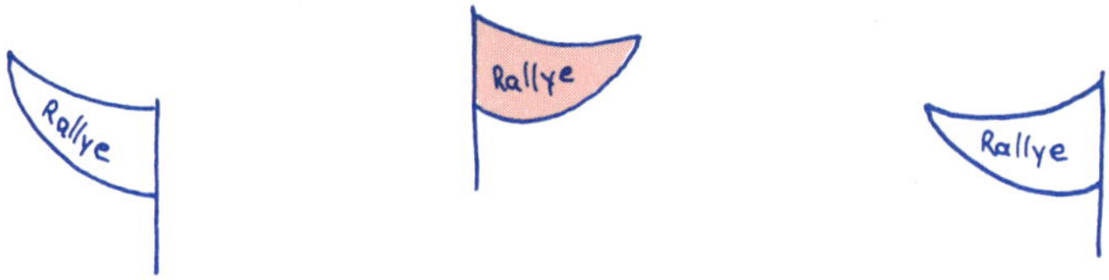

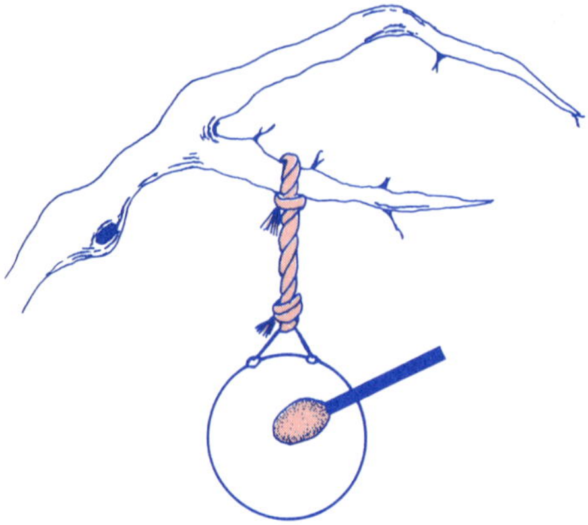

Der Gong wird an einem Ast oder einem Pfosten befestigt.

SIEGEREHRUNG

Nach Abzug der Minuspunkte aus dem Hindernislauf von den Pluspunkten der Rallye, steht der Sieger fest, der dann entsprechend geehrt wird. Eine der Kisten aus dem Hindernislauf wird zum Siegerpodest, der Zweite und Dritte stellen sich rechts und links davon auf. Wer Lust hat, kann auch Siegerurkunden und Medaillen (z. B. Schokoladentaler) verteilen. Auf jeden Fall sollte man für jeden Teilnehmer ein kleines Geschenk (z. B. preiswerte Zusatzteile für das Fahrrad) besorgen. Das Geschenk für den Sieger fällt entsprechend etwas aufwendiger aus.

Anschließend werden die Fahrradwimpel der Dekoration an die Kinder verteilt und der Nachmittag mit einem Würstchengrillen beschlossen.

Speisevorschläge

Zum Stehkaffee gibt es Kuchen, Kaffee und Fruchtsäfte.

Als Marschverpflegung bekommt jedes Kind einen knackigen Apfel und eine kleine Tafel Schokolade.

Abends werden Würstchen gegrillt. Dazu gibt es Kartoffelsalat und Fruchtsäfte.

Geschenktips

- Ein Zusatzteil für das Fahrrad.
- Ein Gutschein zur Teilnahme an einem Fahrradkurs, wie er z. B. vom ADAC veranstaltet wird.
- Ein Gutschein für einen Fahrradausflug mit der ganzen Familie.
- Ein Buch mit Tips, wie man Räder selbst reparieren kann.

Traumreise

Im Zeitalter des Massentourismus sind die meisten Kinder schon erfahrene Reisende. Fast jeder hat schon einmal eine Auslandsreise gemacht, viele sogar im Flugzeug. Reiseberichte im Fernsehen, die uns die entlegensten Winkel der Erde ins Wohnzimmer bringen, tragen zusätzlich dazu bei, daß die Kinder eine Menge über ferne Länder und fremde Völker wissen. Was liegt also näher, als ein Kinderfest für die Zehn- bis Zwölfjährigen einmal als Phantasiereise um die Welt zu gestalten.

Einladung

Da es bei diesem Fest einiges zu raten und zu wissen gilt, werden die Gäste schon mit der Einladungskarte darauf eingestimmt. Daß es dabei um Reisen geht, symbolisiert der Koffer mit den vielen Städtenamen. Die fehlenden Buchstaben ergeben, richtig ergänzt, das Motto des Festes: »Wir reisen um die Welt«.

Ein DIN A 4 Blatt wird quer gefaltet. Auf die Vorderseite wird der Koffer mit den Städtenamen geklebt. Wenn Sie nicht für jede Einladungskarte einen extra Koffer zeichnen möchten, reicht es auch, wenn Sie eine Vorlage herstellen, die in ausreichender Anzahl kopiert und dann jeweils auf die Einladung geklebt wird. Das Geburtstagskind darf dann jeden Koffer mit Filzstiften bunt bemalen.

Die Einladungskarte ist gleichzeitig ein Rätsel. Die fehlenden Buchstaben in den Städtenamen ergeben das Motto des Geburtstages: Wir reisen um die Welt.

Oben auf der Titelseite steht:

EINLADUNG

Dann wird der Koffer aufgeklebt und zum Schluß unten eine gestrichelte Linie gezeichnet, wo die Kinder den Lösungsspruch hinschreiben können. Dabei steht für jeden Buchstaben ein Strich. Wortzwischenräume werden durch Lücken gekennzeichnet.

Auf die Innenseite kann dann die Einladung geschrieben werden.

Liebe Yvonne!
Am 15. März feiere ich meinen Geburtstag, zu dem ich Dich ganz herzlich einlade. Bitte sei pünktlich um 15.00 Uhr bei uns.
Wenn Du die fehlenden Buchstaben auf den Kofferschildchen richtig ergänzt und hintereinander schreibst, erfährst Du das Motto des Festes.

Susanne

Planung

Da die Spielrunde schon an der Kaffeetafel beginnt, hat die Dekoration bei diesem Fest gleich zwei Funktionen: einmal, den Tisch zu schmücken und zum anderen, den Gästen erste Hinweise auf das, nach dem Kaffeetrinken stattfindende, Verkleiden zu geben.

Die Tischkarte zeigt nämlich an, welche Tracht und Nationalität das Kind heute tragen wird. Deshalb empfiehlt es sich, zunächst einmal die Faschings- und Kleiderkiste hervorzuholen, um einen Überblick zu bekommen, welche Ausstaffierungsmöglichkeiten bestehen.

Anregungen für Verkleidungen.

Figur	**Herkunftsland**	**Kleidungsstück**
Chinese	China	flacher Hut mit langem, schwarzen Zopf
Schotte	England	Faltenrock
Ölscheich	z. B. Kuweit	Bettlaken und ein Stirnband
Amerikaner	USA	Cowboyhut, Kaugummi
Zigeunerin	z. B. Ungarn	langer, bunter Rock, Kopftuch
Türke	Türkei	Pumphosen, Fes
Neger	z. B. Uganda	Bastrock, schwarze Schminke
Inder	Indien	Turban
Tiroler	Österreich	Lederhosen, Sepplhut
Holländerin	Holland	Holzschuhe

Der Phantasie sind hier keine Grenzen gesetzt, und sicher macht es dem Geburtstagskind Spaß, die Kiste mit Ihnen durchzusehen und Vorschläge, welches Kostüm zu welchem Gast paßt, beizusteuern.

Nachdem die Frage des Verkleidens geklärt ist, können die Tischkarten vorbereitet werden. Für dieses Reisefest gestalten Sie sie als kleine Koffer.

Auf nicht zu dickem Karton werden zunächst die Umrisse aufgezeichnet

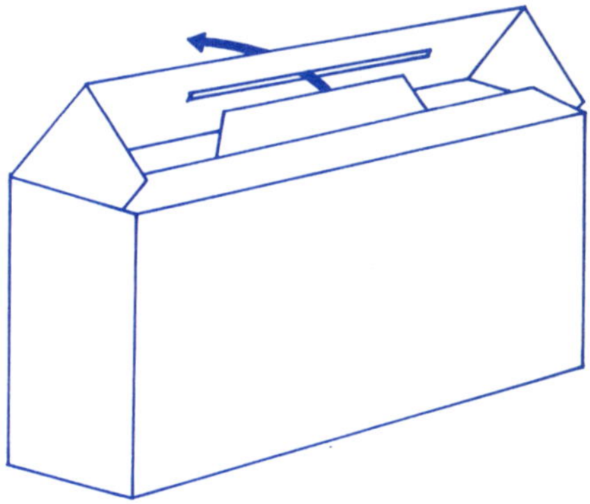

Der Koffer muß jetzt nur noch zusammengesteckt werden.

und ausgeschnitten. Alle durchgezogenen Linien werden eingeschnitten. Entlang der gestrichelten Linien wird der Karton nach innen gefaltet (vorher vorsichtig mit einem nicht zu scharfen Gegenstand die Linien nachritzen).

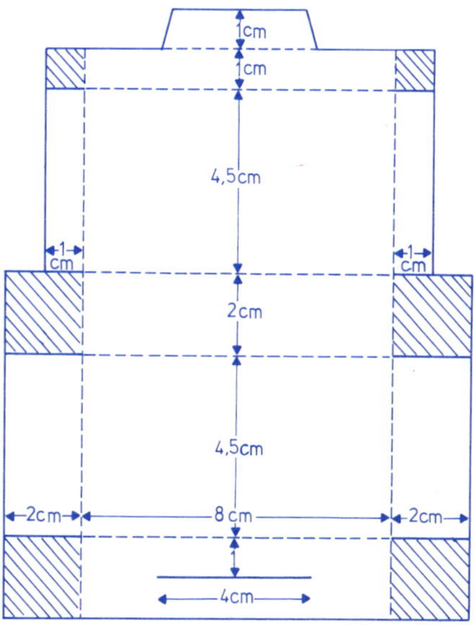

Nach diesem Schnittschema wird der Koffer gebastelt.

Vor dem endgültigen Zusammenkleben wird der Koffer beschriftet und bemalt oder – falls Ihre Zeichenkünste nicht ausreichen – beklebt. Neben den Namen des jeweiligen Kindes kommt eine Abbildung des oder der Kleidungsstücke, die der Gast später tragen soll. Ist das geschehen, werden die schraffiert gezeichneten Quadrate von innen gegen die Seitenwände geklebt und der Koffer zusammengeklappt. Mit der Lasche, die durch den Schlitz gesteckt wird, kann man ihn verschließen.

Die Nationalität der Reisenden wird mit einer Flagge angezeigt, die ganz leicht selbst herzustellen ist, falls sie die passenden Fähnchen nicht im Papierhandel bekommen.

Aus Schreibmaschinenpapier werden 2 cm x 8 cm große Streifen herausgeschnitten und in den Landesfarben bemalt (Vorlagen dazu finden Sie in jedem Lexikon). Dabei malt man jede Fahne zweimal: für die Vor- und Rückseite. Dann wird das Papier in der Mitte gefaltet, so daß die unbemalte Seite nach innen kommt.

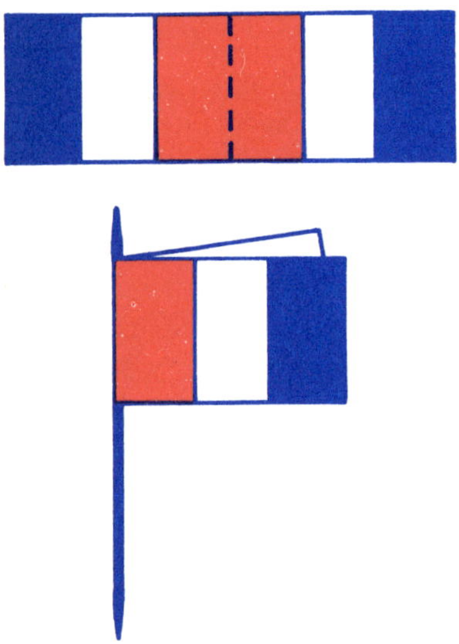

Die Fähnchen werden doppelt zugeschnitten, spiegelgleich bemalt und dann an der Bruchkante um einen Zahnstocher geklebt.

Als Fahnenmast dient ein Zahnstocher, der beim Zusammenkleben der beiden Hälften mit eingeklebt wird.

Für die Spielrunde sollte eine ausreichende Zahl kleiner Preise für die Sieger vorbereitet werden. Für die Verlierer gibt es Trostpreise in Form von Bonbons und Süßigkeiten.

Zum Ausklang des Nachmittags gibt es dann noch eine herzhafte ausländische Spezialität, wie z. B. eine Pizza.

Dekoration

Der Tischschmuck besteht – neben Kerzen und Blumen, die auf jeden Geburtstagstisch gehören – aus der Koffertischkarte (siehe Kapitel Planung), in der jeweils eine kleine Überraschung steckt. Als Symbol für die Weltkugel liegt außerdem vor jedem Platz ein roter Apfel, der mit der entsprechenden Flagge gekrönt ist (siehe Kapitel Planung).

Als Raumdekoration werden ein paar Girlanden so aufgehängt, daß es an ein Schiffsdeck erinnert. Wer einen Globus oder eine Weltkarte hat, kann damit der Dekoration den letzten Pfiff geben.

Die Tischkarte und der Apfel mit Fähnchen.

Spielvorschläge

AUS WELCHEM LAND KOMME ICH?

Die Spielrunde beginnt schon an der Kaffeetafel. Jedes Kind versucht, anhand der Fähnchen und der Zeichnung auf der »Kofferkarte« herauszufinden, aus welchem Land es heute kommt.

Da der Schwierigkeitsgrad der Aufgaben sehr verschieden ist, soll dies kein Wettspiel, sondern eine Einführung in das Thema des Festes sein. Sehr hilfreich ist es, eine große Weltkarte aufzuhängen und dort die Herkunft der einzelnen Gäste mit bunten Stecknadeln zu markieren.

Schon jetzt kann man den Kindern sagen, sie sollen sich ein paar Gedanken machen, wie es da, wo sie herkommen, wohl aussieht und wohin sie nachher reisen möchten. Da es nicht auf Daten und Fakten, sondern auf Spaß und Phantasie ankommt, sollten Sie ruhig noch einmal darauf hinweisen, daß es jedem freisteht, sich allerlei dazu auszudenken.

REISEVORBEREITUNGEN

Bevor die Weltreise losgeht, zieht sich jeder Reisende seiner Herkunft entsprechend an. Dazu wurde eine große Kleiderkiste vorbereitet, in der die passende Kleidung zu finden ist. (Vorschläge dazu, siehe Kapitel Planung.)

Jedes Kind sucht sich nun die entsprechenden Kleidungsstücke heraus. Der Spielleiter steht dabei als Berater zur Verfügung, so daß zum Schluß jeder Reisende im passenden Gewand dasteht. Nun kann das Schiff bestiegen werden. Wenn der Platz es erlaubt, sollten Sie die Stühle in Form eines Schiffsrumpfes aufstellen.

VORSTELLUNG

Jeder Reisende, der das Schiff betritt, stellt sich seinen Mitreisenden kurz vor: Wie er heißt; wo er herkommt und wie es da aussieht; wohin er heute reisen möchte usw., je nachdem, was jedem gerade einfällt. Wenn alle sich vorgestellt haben, heulen die Schiffssirenen (ein paar Kinder können auf leeren Flaschen blasen oder alle »heulen« im Chor), und die »Traumreise« kann losgehen.

REISEQUIZ

Die Schiffsreise beginnt mit einer Quizrunde zum Thema Reisen. Jedem Kind wird zu jedem Themenkomplex eine Frage gestellt. Weiß es die Antwort, erhält es ein Bonbon. Wer zum Schluß die meisten Bonbons gesammelt hat, ist Sieger und gewinnt einen kleinen Preis. Die Bonbons holt der Quizmaster (Vater oder Mutter) aus einem Puppenkoffer.

Frage:	Antwort:
In welcher Stadt steht das Bauwerk?	
Eiffelturm	*Paris*
Petersdom	*Rom*
Der schiefe Turm	*Pisa*
Brandenburger Tor	*Berlin*
Kreml	*Moskau*
Holstentor	*Lübeck*
Empire State Building	*New York*
Big Ben	*London*
Hofreitschule	*Wien*
Akropolis	*Athen*
Aus welchem europäischen Land sind die Autokennzeichen?	
CH	*Schweiz*
A	*Österreich*
F	*Frankreich*
NL	*Niederlande*
E	*Spanien*
GB	*England*
I	*Italien*

B	*Belgien*
DK	*Dänemark*
L	*Luxemburg*

Zu welchem Land gehört das Geld?

Lire	*Italien*
Franc	*Frankreich/Belgien*
Rubel	*UdSSR*
Peseten	*Spanien*
Drachmen	*Griechenland*
Dollar	*USA/Kanada*
Franken	*Schweiz*
Schilling	*Österreich*
Kronen	*Dänemark/Schweden*
Pfund	*England*

Zu welchem Land gehört die Hauptstadt?

Moskau	*UdSSR*
Paris	*Frankreich*
London	*England*
Budapest	*Ungarn*
Wien	*Österreich*
Athen	*Griechenland*
Madrid	*Spanien*
Lissabon	*Portugal*
Rom	*Italien*
Kopenhagen	*Dänemark*

Wo leben diese Leute?

Wo tragen Männer karierte Röcke?	*Schottland*
Wo tragen Frauen einen Kimono?	*Japan*
Wo tanzt man Flamenco?	*Spanien*
Wo tragen Frauen einen Sari?	*Indien*
Wo gibt es Donkosaken?	*Rußland*
Wo gibt es einen Primas, der Geige spielt?	*Ungarn*
Wo leben die Sarden?	*Sardinien, Italien*

Wo spielt man Boule?	*Frankreich*
Wo spielt man Kricket?	*England*
Wo leben diese Tiere?	
Lama	*Südamerika*
Bison	*Nordamerika*
Känguruh	*Australien*
Löwe	*Afrika*
Tiger	*Indien*
Zebra	*Afrika*
Pandabär	*China*
Elefant	*Afrika und Indien*
Eisbär	*Nordpol*
Pinguin	*Südpol*

KOFFERPACKEN

Für eine Weltreise braucht man einen gut gefüllten Koffer.

Ein Kind fängt an und sagt: »Ich packe in meinen Koffer eine Zahnbürste.«

Das nächste Kind wiederholt: »Ich packe in meinen Koffer eine Zahnbürste und Schuhcreme.«

Das dritte Kind muß wieder alle bisher eingepackten Gegenstände in der richtigen Reihenfolge wiederholen und dann ein neues Teil, z. B. einen Pullover, dazupacken. Dann kommt der Nächste dran usw. Wer die Reihenfolge vergißt oder einen Gegenstand ausläßt, scheidet aus. Wer zum Schluß übrigbleibt, ist Sieger und erhält einen kleinen Preis.

STÄDTERATEN

Die Kinder setzen oder stellen sich nebeneinander in eine Reihe. Der Spielleiter wirft dem ersten Kind einen Ball zu und sagt dazu einen Buchstaben, z. B. »B«. Das Kind fängt den Ball auf und wirft ihn dem Spielleiter zurück, wobei es eine Stadt nennen muß, die mit B anfängt, z. B. Berlin.

Dann folgt das nächste Kind mit einem neuen Buchstaben. So geht es immer die Reihe entlang, bis jemand nicht mehr weiter weiß oder einen schon genannten Namen wiederholt. Dieses Kind scheidet aus, bis zum Schluß der Sieger übrigbleibt. Er darf (unter Umständen) den Ball behalten.

DIE REISE NACH JERUSALEM

Jedes Kind bringt seinen Stuhl in die Mitte. Die Stühle werden, immer paarweise, Rücken an Rücken in eine Reihe gestellt. Nun wird ein Stuhl weggestellt.

Zur Musik eines Kassettenrecorders marschieren die Kinder dann – die Hände auf dem Rücken verschränkt – im Gänsemarsch immer um die Stühle herum. Wenn die Musik plötzlich aufhört (möglichst unauffällig die Stopptaste drücken), muß sich jeder schnell einen Sitzplatz sichern, denn wer keinen freien Stuhl mehr findet, scheidet aus.

Nachdem der nächste Stuhl weggestellt wurde, geht die Reise so lange weiter, bis nur noch ein Stuhl und zwei Reisende übrigbleiben. Wer den letzten Sitzplatz ergattert, ist Sieger.

Den Abschluß des Nachmittags bilden ein paar Gruppenwettspiele. Die Kinder teilen sich, vielleicht per Los, in zwei Mannschaften. Bei einer ungeraden Zahl von Gästen muß bei manchen Spielen ein Kind der zahlenmäßig stärkeren Mannschaft aussetzen.

WIR BESUCHEN DIE SCHWEIZ

Für dieses Spiel benötigen Sie zwei mit Luft gefüllte Gummiringe, die im Spielwarenhandel unter dem Namen »Ring-Tennis« erhältlich sind. Diese Ringe stellen Emmentaler Käse dar, der um die Wette zum Ziel gerollt werden muß. Das ist gar nicht so einfach, da man sie nur in gebückter Haltung antreiben kann. Fällt ein Ring hin, muß der Spieler zurück zum Start und von vorne anfangen.

Das Spiel wird als Staffel durchgeführt. Beide Gruppen stellen sich hinter der Startlinie auf. Auf ein Kommando des Spielleiters beginnen die beiden ersten Spieler, den »Käse« zum Ziel am anderen Ende des Raumes zu rollen. Im Ziel angekommen, greift jeder Spieler nach seinem Ring, läuft schnell zum Start zurück und übergibt den »Käse« dem nächsten Kind. Die Gruppe, die am schnellsten mit dieser Aufgabe fertig ist, hat gewonnen.

WIR BESUCHEN ITALIEN

Jetzt werden Spaghetti hergestellt. Dazu erhält jedes Kind einen Doppelbogen Zeitungspapier, aus dem es innerhalb von zwei Minuten möglichst lange »Spaghetti« herausreißen muß. Wie die Aufgabe gelöst wird, bleibt jedem selbst überlassen. Wenn der Papierstreifen reißt, muß neu angefangen werden. Nach Ablauf der zwei Minuten stellt jede Gruppe für sich erst einmal fest, welches die längste

»Nudel« ist. Dann vergleichen beide Gruppen die Länge ihrer jeweils besten Produkte und ermitteln den Sieger.

WIR BESUCHEN AFRIKA

Jede Gruppe macht nun aus den Spaghetti afrikanisches Schlangenragout. Dazu werden von den Spaghetti 30 Stücke abgerissen und zu kleinen Papierkugeln zusammengeknüllt.

In der Zwischenzeit hat die Mutter zwei gleich große Töpfe, zwei Teelöffel und zwei Tücher zum Augenverbinden besorgt. Nun muß das Schlangenragout mit verbundenen Augen um die Wette mit den Teelöffeln in die Töpfe gelöffelt werden.

Um die Sache noch zu erschweren, darf dafür nur eine Hand benutzt werden. Wenn die 30 Papierkugeln um die Töpfe verteilt sind, fangen die ersten beiden Spieler an. Nach einer Minute ruft der Spielleiter: »Wechsel«, und das nächste Kind ist dran.

Natürlich wird die Aufgabe immer schwieriger, je weniger Papierkugeln übrig sind, und die anderen Gruppenmitglieder dürfen mit »heiß«- und »kalt«-Rufen bei der Sache helfen. Sieger ist die Gruppe, die am Schluß die meisten Stücke »Schlangenragout« in ihrem Topf hat.

WIR BESUCHEN AUSTRALIEN

Zum Abschluß der Spielrunde werden an jede Gruppe ein paar Blätter und Stifte verteilt. Auf dem ersten Blatt steht das Wort »Australienforscherteam«. Jede Gruppe zieht sich in eine Ecke des Zimmers zurück und soll nun gemeinsam aus diesem Wort möglichst viele neue Wörter bilden.

Anschließend verlesen beide Gruppen die gefundenen Wörter. Gleiche Wörter werden gestrichen. Sieger ist die Gruppe, die am Schluß die meisten Wörter gefunden hat.

Zum Schluß wird die »Siegergruppe« der Wettspiele ermittelt. Jedes Mitglied dieser Gruppe erhält einen kleinen Preis. Die Verlierer bekommen Trostpreise in Form von Süßigkeiten.

Speisevorschläge

Zum Kaffee gibt es eine ausländische Spezialität wie z. B. Linzer Torte, einen englischen Früchtekuchen oder ähnliches (Rezepte finden Sie in jedem Kochbuch).

Zum Abendbrot serviert man dann Pizza oder Wiener Würstchen und dazu Tee oder Fruchtsäfte.

Geschenktips

- Globus
- Weltkarte
- Europaspiel
- Rucksack
- Zelt
- Ein Buch mit Interviews mit Kindern überall in Europa: Wir Kinder Europas, Hrsg. *Katharina Bandach*, rororo Rotfuchs-Reihe.
- Ein Gutschein für einen Flamenco-, Gitarren- oder Tanzkursus.
- Bücher aus der »Kinder Europa Reihe«, z. B.
  Peter und Anne leben in England,
  Pierre und Anette leben in Frankreich,
  Erika Klopp Verlag.

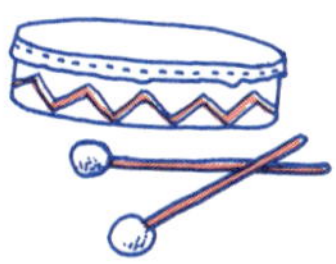

Der Postraub

Vom zehnten Lebensjahr an schmökern unsere Kinder gern in Detektivgeschichten, besonders natürlich in solchen, deren Helden Kinder wie sie selbst sind. Die nie alternden fünf Freunde haben nach wie vor ihre Leserschaft, aber auch Perry Clifton oder Sherlock Holmes sind bekannte Krimifiguren.

Bei unserem spannenden Detektivspiel erhalten die Kinder Gelegenheit, ihre eigenen kriminalistischen Fähigkeiten einmal unter Beweis zu stellen.

Einladung

Das Detektivspiel geht schon bei der Einladung los, die als verschlüsselte Botschaft abgefaßt wird.

Ein DIN A 4 Blatt wird quer gefaltet. Auf die Vorderseite kleben Sie eine Zeichnung eines Detektives, der sofort an Sherlock Holmes oder einen anderen, den Kindern bekannten, Detektiv erinnert. Daneben kommt eine Visitenkarte: Dieter V. Kattpiv. In diesem Namen ist der Beruf des Mannes versteckt, nämlich das Wort: Privatdetektiv. Aufgabe ist es, den Beruf des Mannes herauszufinden.

Auch die Einladung selbst wird mit einem einfachen Trick verschlüsselt. Statt von links nach rechts wird der Text von oben nach unten und – um die Entzifferung noch etwas zu erschweren – ohne Wortzwischenräume geschrieben.

Planung

Das Detektivspiel erfordert eine etwas aufwendigere Planung und Vorbereitung. Dafür wird dieser Nachmittag aber noch lange Gesprächsstoff der Kinder sein.

Da der größte Teil des Nachmittags im Freien verbracht wird, eignet sich dieses Fest eher für die Sommermonate.

Das Stadt- oder Dorfspiel selbst ist ähnlich wie eine Rallye aufgebaut, d. h., in einer bestimmten Zeit müssen eine bestimmte Strecke zurückgelegt und vorgegebene Aufgaben gelöst werden.

Das Spiel ist als Gruppenwettkampf gedacht. Um die Einteilung in zwei Gruppen möglichst problemlos zu gestalten, werden Zettel in Hörnchen eingebacken (siehe Kapitel Speisevorschläge). So bestimmt der Zufall, wer in welcher Gruppe spielt.

Ganz wichtig ist bei diesem Spiel ein Zeitplan, der folgendermaßen aussehen kann:

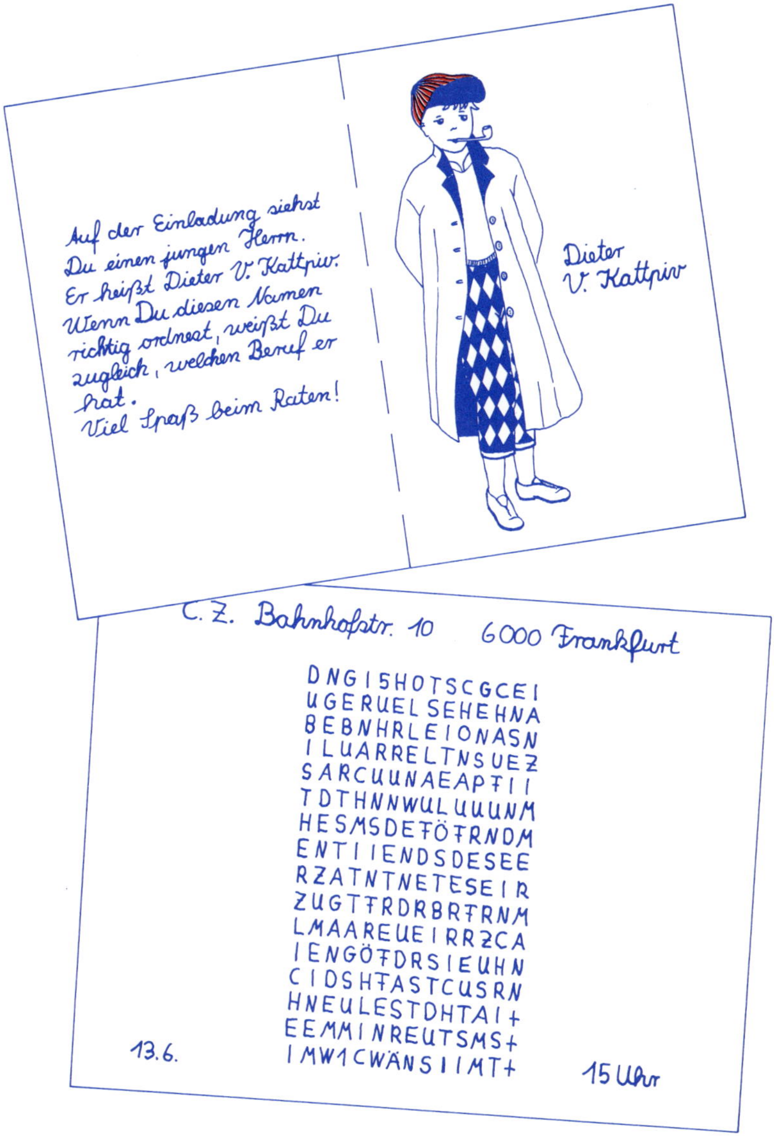

Die Vorder- und Rückseite der Einladungskarte zum »Detektivspielgeburtstag«.

15.00–15.45	Kaffeetrinken und Erklären der Spielregeln (Visitenkartenrätsel auflösen!).
16.00	Abmarsch der beiden Gruppen.
16.00–16.30	1. Aufgabe
16.30–16.45	Abholen der 2. Aufgabe. Anschließend muß an einer bestimmten Stelle Posten bezogen werden.
16.45–17.00	Auftauchen der verdächtigen Person an dieser Stelle.
17.30	Ende des Spiels. Alle Detektive sind wieder im Haus des Gastgebers versammelt.

Die erste Aufgabe besteht darin, anhand von Hinweisen in verschiedenen Schaufenstern eine Telefonnummer herauszubekommen. Da die beiden Gruppen in dieser ersten Spielphase verschiedene Aufgaben lösen sollten, müssen Sie zwei Bekannte fragen, ob sie an diesem Nachmittag den Detektiven die gewünschte Auskunft geben können.

Wie Sie die Telefonnummern verschlüsseln, hängt natürlich von den örtlichen Gegebenheiten ab. Anregungen dazu finden Sie im Kapitel Spielvorschläge.

Bei der Festlegung der Aufgaben gibt es folgendes zu beachten:

1. Die Kinder haben insgesamt nur eine halbe Stunde Zeit, die Wegstrecke zu bewältigen und die Aufgabe zu lösen; der Weg sollte also nicht zu weit sein.

2. Vergewissern Sie sich in den Geschäften, ob die Dekoration an dem Tag des Spiels noch stehen wird.

3. Da die Kinder im Anschluß an die erste Aufgabe telefonieren sollen, muß eine funktionierende Telefonzelle oder ein Postamt in der Nähe sein.

4. Falls unter Ihren Gästen viele ortsunkundige Kinder sind (z. B. aus anderen Stadtteilen), empfiehlt es sich, den Gruppen einen Plan des »Operationsgebietes«, der alle wichtigen Hinweise enthält, mitzugeben.

Um an die zweite Aufgabe zu kommen, müssen die Kinder einen postlagernden Brief vom Postamt holen. Falls kein Postamt in der Nähe ist oder das Fest an einem Wochenende statt-

findet, muß eine andere Möglichkeit gefunden werden, die Briefe zu überreichen. Vielleicht fährt ein Geschwister mit dem Fahrrad zu einem festgelegten Treffpunkt? Dann muß natürlich auch die Auskunft, die die angerufenen Personen geben, entsprechend geändert werden.

Die zweite Aufgabe, die für beide Gruppen gleich ist, besteht darin, einen bestimmten Abschnitt einer Straße zu überwachen, um eine verdächtige Person ausfindig zu machen. Diese Straße sollte aus Zeitgründen nicht zu weit von der Stelle, wo der zweite Brief abgeholt wurde, entfernt sein.

Um die verdächtige Person auftreten zu lassen, brauchen Sie die Hilfe eines Bekannten. Er (oder sie) muß bereit sein, in der Zeit zwischen 16.45 und 17.00 Uhr verkleidet mit einer Perücke, einer großen Sonnenbrille und einer Einkaufstasche, in der das Wertpaket steckt, in dieser Straße auf und ab zu gehen. Falls er (oder sie) nicht sowieso dort wohnt, sollten Sie schon vorher nach einem geeigneten Hof- oder Hauseingang Ausschau halten, wo er (oder sie) sich umziehen kann.

Das Wertpaket, um das sich alles dreht, muß natürlich auch vorbereitet werden. Es besteht aus Süßigkeiten und kleinen Geschenken, die alle in Gold- oder Alufolie und anschließend in ein richtiges schönes Paket verpackt werden.

Sollte Ihnen jetzt noch unklar sein, welche Vorbereitungen getroffen werden müssen, empfehlen wir Ihnen, zunächst den Abschnitt: »Das Stadt- oder Dorfspiel« zu lesen und anschließend noch einmal die Planung zu überdenken.

Der Nachmittag klingt mit ein paar Gemeinschaftsspielen und dem Abendessen aus.

Dekoration

Natürlich wird die Festtafel wie immer liebevoll mit Kerzen, Servietten und Blumen geschmückt. Als Tischkarte findet jeder der angehenden Detektive einen Gedächtniskäfer (Schreibwarengeschäft) an seinem Platz vor. In

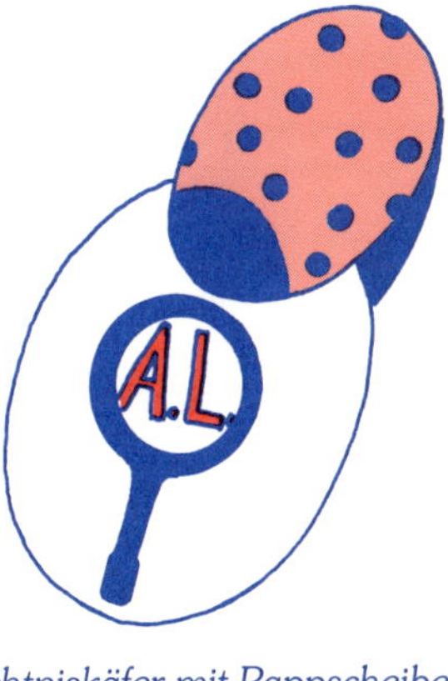

Gedächtniskäfer mit Pappscheibe.

dem Käfer klemmt ein ovales Stück Pappe. Darauf ist eine Lupe – das Markenzeichen der Detektive – abgebildet, durch die die Initialen des Gastes zu sehen sind.

Spielvorschläge

DAS STADT- ODER DORFSPIEL

Allgemeine Spielregeln
Das Stadt- oder Dorfspiel ist ein Wettspiel, das in zwei Gruppen durchgeführt wird. Beide Gruppen haben die Aufgabe, ein Wertpaket in ihre Hände zu bekommen und es am Ziel (dem Haus des Gastgebers) abzuliefern. Die Gruppe, die das Paket bringt, ist Sieger.

Damit die Mannschaften sich nicht gegenseitig behindern, erhalten beide Gruppen beim ersten Teil der Aufgabe unterschiedliche Instruktionen. Die erste Aufgabe wird den Gruppen am Start in einem verschlossenen Umschlag überreicht. Außerdem bekommt jede Gruppe noch ein Notizbuch und einen Stift mit. Die weiteren Anweisungen erhalten die Gruppen im Laufe des Spiels.

Hat eine der Mannschaften das Wertpaket erobert, besteht für die andere Gruppe bis zum Erreichen des Ziels immer noch eine Chance, dem Gegner die Beute wieder abzujagen.

Dazu erhält jeder Spieler eine »Fragekarte« in der Gruppenfarbe. Trifft nun beispielsweise ein »Roter« auf einen »Grünen«, kann er diesem seine Fragekarte geben und sagen: »Hast Du das Wertpaket?« Wenn der Spieler das Paket tatsächlich hat, muß er es jetzt aushändigen. Jeder Spieler hat aber nur einmal die Möglichkeit, diese Frage zu stellen. Hat er seine Fragekarte verbraucht, ist diese Chance vertan.

Das Spiel ist um 17.30 Uhr (Uhrzeit festlegen!) zu Ende. Wenn bis zu diesem Zeitpunkt keine der Gruppen das Wertpaket gefunden hat, wird das Team Sieger, das die meisten Fragekarten übrigbehalten hat.

1. Aufgabe
In verschiedenen Schaufenstern sind Hinweise auf eine Telefonnummer versteckt, die dann angerufen werden muß. Wenn irgend möglich, sollten hier die beiden Gruppen in verschiedenen Straßen und Schaufenstern suchen, um sich nicht gegenseitig in die Quere zu kommen. Wie die Aufgabe im einzelnen aussieht, richtet sich natürlich nach den jeweiligen örtlichen Gegebenheiten. Als Muster kann der

folgende Brief, der den Gruppen beim Start überreicht wird, dienen.

> Liebe Detektive der Roten (Grünen) Hand!
> Hier ist Eure erste Aufgabe!
> Geht in die Hansastraße. Sucht dort ein Schaufenster. Es ist nicht die Firma K… und nicht der Friseur. In dem Fenster sind elektrische Geräte zu sehen. Sucht einen Rasierapparat der Marke B… Der Preis ist zweistellig. Notiert Euch die zweite Zahl. Das ist die erste Zahl der Telefonnummer, die Ihr finden sollt.

Da es in Großstädten, die ja recht lange Telefonnummern haben, zu langwierig wäre, jede einzelne Zahl auf diese Weise zu verschlüsseln, kann man den Text auch leicht abwandeln:

»Notiert Euch die zweite Zahl und addiert dazu die Zahl 43. Das Ergebnis sind die ersten beiden Zahlen der Telefonnummer, die Ihr finden sollt.« Ähnlich dazu kann man auch bei den anderen Teilen der Aufgabe vorgehen.

> Nun geht weiter in die Lübeckerstraße. Auf der rechten Seite ist ein großes Fachgeschäft. Im zweiten Schaufenster sind Fernseher ausgestellt. Sucht das Gerät, dessen Name wie der Name einer europäischen Hauptstadt lautet. Der Preis ist eine vierstellige Zahl. Notiert Euch die dritte Stelle, das ist die zweite Zahl Eurer Rufnummer.
>
> Direkt gegenüber ist ein weiteres Fachgeschäft. Dort sind Apparate ausgestellt, mit denen man jetzt Eure nachdenklichen Gesichter f… sollte. In der rechten Hälfte des Schaufensters stehen mehrere Geräte auf Haltern. Zählt sie. Habt Ihr richtig gezählt, ist Eure Telefonnummer vollständig.
>
> Nun aber schnell zum nächsten Telefon. Ruft diese Nummer an (Geld liegt im Umschlag) und sagt: »Guten Tag. Hier spricht die Rote (Grüne) Hand. Wir möchten gern eine Auskunft. Wie wird das Wetter morgen?«
>
> Merkt Euch die Antwort und geht zur nächsten Aufgabe über. Beeilt Euch, Ihr müßt bis 16.30 Uhr dort sein.
>
> Viel Glück!

Die vorher informierten Kontaktpersonen sagen: »Das Wetter wird gut, wenn Ihr Euch beeilt. Geht zum Postamt in der Hamburgerstraße und fragt dort am Schalter für postlagernde Sendungen nach einem Brief für die Rote (Grüne) Hand.«

Die Briefe wurden einen Tag vor dem Fest am Postschalter abgegeben. Wenn das Fest an einem Wochenende stattfindet, d. h. das Postamt nicht geöffnet hat, müssen die Briefe auf eine andere Weise übergeben werden.

Die Briefe enthalten die Anweisungen für die nächste Aufgabe, die jetzt für beide Gruppen gleich lautet.

2. Aufgabe

> An die Rote (Grüne) Hand!
> Geht schnell in die Leipzigerstraße und beobachtet unauffällig den Abschnit zwischen der Hausnummer 4 bis 45. In der Zeit zwischen 16.45 und 17.00 Uhr wird eine verdächtige Person versuchen, ein Wertpaket, das bei der Post gestohlen wurde, in Sicherheit zu bringen.
> Die Person hat sich mit einer Perükke und einer großen Sonnenbrille getarnt. Wenn Ihr sie seht, geht hin und fragt: »Entschuldigen Sie, können Sie mir bitte sagen, wie spät es ist?« Habt Ihr die richtige Person gefragt, wird sie Euch das Wertpaket aushändigen. Versucht, es so schnell wie möglich in Sicherheit zu bringen. Paßt auf, daß Euch die Grüne (Rote) Hand das Paket nicht wieder abjagt.
> Viel Erfolg!

Sind die Detektive dann glücklich wieder zu Hause, wird das Wertpaket geöffnet. (Falls es keinem der angehenden Kriminalisten gelungen sein sollte, das Paket ausfindig zu machen, bitten wir die »Verdächtige Person«, das Paket selbst zu bringen!)

Im Paket finden die Gäste kleine Geschenke und Süßigkeiten, alles in Alu- oder Goldfolie verpackt. Zuerst darf sich jedes Mitglied der siegreichen Gruppe ein Geschenk (natürlich noch verpackt) aussuchen, dann kommen die zweiten Sieger an die Reihe. Dabei wird dann eifrig erzählt, welche Abenteuer und Schwierigkeiten es zu überwinden gab.

Zum Ausklang des Nachmittags gibt es noch ein paar Gruppenspiele.

DER GERAUBTE SCHATZ

Jetzt haben die Detektive der Verlierergruppe Gelegenheit zu beweisen, daß auch sie ihr Handwerk verstehen. Ein Kind aus dieser Gruppe ist der Detektiv. Auf einem Tisch werden 10 bis 20 »Wertgegenstände« ausgebreitet. Der Detektiv hat 30 Sekunden Zeit, sich alles einzuprägen. Dann muß er kurz hinausgehen. In dieser Zeit werden drei Gegenstände entfernt. Wenn der Detektiv ihr Fehlen richtig bemerkt, d. h. sagen kann, welche Gegen-

stände weggenommen wurden, erhält er einen kleinen Preis.

Das Spiel kann – mit immer neuen Gegenständen – so lange gespielt werden, bis die Kinder keine Lust mehr haben oder bis jeder einmal dran war.

HALTET DEN DIEB

Ein Kind – der Detektiv – setzt sich mit verbundenen Augen auf einen Stuhl. Unter dem Stuhl liegt ein dicker Schlüsselbund, den er bewacht. Der Räuber muß sich nun vorsichtig anschleichen und versuchen, den Schlüssel zu stehlen. Macht er dabei ein Geräusch, ruft der Detektiv: »Haltet den Dieb!«, und der Räuber ist ertappt. Er muß dann in der nächsten Runde den Detektiv spielen. Macht er aber kein Geräusch, muß der Detektiv weiter aufpassen.

Speisevorschläge

Zum Kaffee gibt es Kuchen und für jeden ein frisch gebackenes Hörnchen. In jedes der Hörnchen wurde ein Zettel (Pergamentpapier und ungiftige Stifte verwenden) eingebacken, auf dem entweder das Wort »Rot« oder »Grün« steht. Das ist für die Aufteilung der Detektivgruppen wichtig.

Da das Detektivspiel hungrig macht, servieren Sie zum Abendbrot etwas Herzhaftes, z. B. Spaghetti mit Hackfleischsoße oder Buletten mit Kartoffelsalat und dazu Tee oder Säfte.

Geschenktips

- Detektivbücher
- Lupe
- Puzzles
- Taschenlampe
- Tagebuch für geheime Eintragungen
- Kassetten oder Platten mit Detektivgeschichten
- Taschenmesser mit vielen Klingen
- Fernglas
- Fotoapparat
- Mikrofon für den Kassettenrecorder

Es weihnachtet sehr

Ein Kind, das in der Adventszeit Geburtstag hat, fühlt sich manchmal benachteiligt. Das Wetter ist in der Regel zu unfreundlich, um spannende Wettspiele im Freien zu veranstalten, und außerdem ist ja bald Weihnachten. In der Hektik der Festvorbereitungen finden die Eltern oft nicht die Zeit, diesen Geburtstag gründlich vorzubereiten. Wir haben deshalb für die Weihnachtszeit eine Feier vorgesehen, die ohne aufwendige Planung und Vorbereitung stattfinden kann. Trotzdem bleibt viel Raum für vorweihnachtliche Bastelarbeiten, so daß die Acht- bis Elfjährigen gleich ein schönes Weihnachtsgeschenk für die Eltern mit nach Hause nehmen können.

Die Vorderseite der Einladungskarte zum »weihnachtlichen« Geburtstag.

Einladung

Aus farbigem Papier wird eine entsprechende Anzahl 28 cm langer und 14 cm breiter Streifen ausgeschnitten. Einmal quer gefaltet, ergibt das eine quadratische Einladungskarte. Auf die Vorderseite zeichnet das Geburtstagskind einen Stern. Innen steht der Einladungstext.

Wer mag, kann dazu noch einen Tannenzweig mit einer brennenden Kerze zeichnen.

Planung

Der Geburtstag beginnt mit einer ausgiebigen Kaffeetafel mit Kuchen und Weihnachtsgebäck.

Nach dem Kaffeetrinken geht es dann an's Basteln. Da nur eine begrenzte Zeit zur Verfügung steht, in der jedes Kind ein bis zwei kleine Geschenke basteln kann, eignet sich dazu besonders die Schmelzgranulattechnik.

Dazu müssen folgende Dinge besorgt bzw. bereitgestellt werden:

- Ein paar Packungen Schmelzgranulat in verschiedenen Farben (Bastelgeschäft). Auf jeden Fall muß eine größere Menge durch-

So kann die Innenseite der Einladung gestaltet werden.

sichtiges oder hellgelbes Granulat dabei sein, da dies zur Herstellung der Namensschilder benötigt wird. (Das Granulat kann im Backofen bei 200 °C bis 240 °C geschmolzen werden. Die sich dabei entwickelnden Dämpfe sind ungefährlich.)

- Für jedes Kind eine rechteckige Form mit Boden, die etwa 5 cm x 10 cm groß sein sollte (Bastelgeschäft).

Da der Schmelzvorgang etwa 15 bis 20 Minuten dauert und das Namensschild zweimal in den Ofen muß, ist es wichtig, für jeden Gast eine extra Form zu haben, damit alle gleichzeitig an ihren Geschenken arbeiten können.

- Eine Anzahl Plätzchenausstechformen (wieder so viele, wie Sie Gäste erwarten) mit weihnachtlichen Motiven, wie Sternen, Tannenbaum,

Nikolaus, Glocke usw. Da diese Formen keinen Boden haben, wird zur Schonung des Backbleches ein Bogen Backpapier daruntergelegt.

Wenn Sie dann noch:

- schwach getöntes Papier,
- Blei- und Filzstifte,
- eine Anzahl Scheren,
- Lineale,
- ein paar kleine Plastiklöffel zum Aufstreuen des Granulats,
- eine Zange, Topflappen und ein paar nicht zu dünne Metallstricknadeln

bereitstellen, sind alle Vorbereitungen für die Bastelrunde getroffen.

Für die Spielrunde sollten Sie einen größeren Vorrat verschiedener Nüsse besorgen.

Dekoration

Das Festzimmer und die Geburtstagstafel werden mit Tannenzweigen, Kerzen, Nüssen und Plätzchen weihnachtlich geschmückt. Vor jedem Platz steht eine Tischkarte, auf die mit Zuckerguß ein schön verziertes Plätzchen geklebt wird.

Tischkarte mit schön verziertem Plätzchen. Mit Zuckerguß wurde der Anfangsbuchstabe des Gastes auf das Plätzchen gespritzt.

Spielvorschläge

Basteln

NAMENSSCHILD AUS SCHMELZGRANULAT

Das Backblech wird in die Mitte des Tisches gestellt. (Backofen in der Küche schon auf 200 °C vorheizen). Jedes Kind erhält eine rechteckige Form für sein Namensschild.

Im ersten Arbeitsgang wird die Rückseite des Schildes vorbereitet. Dazu wird durchsichtiges oder gelbes Granulat dünn und gleichmäßig auf dem Formboden verteilt. (Wenn Sie keine Erfahrungen mit Schmelzgranulat haben, empfiehlt es sich, vor dem Fest einmal selbst ein solches Schild herzustellen, um ein Gefühl für die optimale Dicke der Schichten zu bekommen.)

Jeder stellt seine Form dann vorsichtig, damit nichts verrutscht, auf das Backblech und merkt sich die Position seines Werkes. Die Mutter trägt danach alles in die Küche und schiebt das Blech in den Ofen. In der Zeit (etwa 15 bis 20 Minuten, Wecker stellen!), die das Granulat zum Schmelzen braucht, werden die Namensschildchen vorbereitet.

Jeder zeichnet sich auf ein getöntes Papier die Umrisse des Namensschildes. Dieses muß auf jeder Seite etwa 1cm kleiner sein als die Form, da es ja ganz vom Granulat umschlossen werden soll. (Bei jüngeren Kindern wird hierbei vielleicht Hilfe nötig sein.) Auf dieses Schild wird nun der Familienname mit möglichst großen und schönen Buchstaben geschrieben. Sicherlich braucht es in vielen Fällen mehr als einen Anlauf, bis das Ergebnis zufriedenstellend ausfällt. Dann wird das Schild sorgfältig ausgeschnitten, und der zweite Arbeitsgang kann beginnen.

Die in der Küche schon etwas ausgekühlten, aber noch heißen Formen werden auf dem Backblech wieder hereingebracht. Jedes Kind sucht sich nun seine Form heraus und legt das Namensschild auf die noch heiße, glatte Oberfläche und streut eine zweite Schicht Granulat darüber, bis das Schild völlig bedeckt ist. (Zur Schonung des Tisches hat jedes Kind an seinem Platz einen ausgedienten Zeichenkarton liegen.)

Dann stellen alle ihr Werk wieder vorsichtig auf das Blech, und das Ganze kommt zurück in den Backofen.

Damit die Wartezeit nicht allzu lang wird, kann man eines der im folgenden vorgeschlagenen Spiele zwischenschalten, z. B. »Ich sehe was, was Du nicht siehst«.

Wenn der Schmelzvorgang beendet ist – die Oberfläche muß ganz glatt

Wenn die erste Schicht Granulat geschmolzen ist, wird das vorbereitete Namensschildchen daraufgelegt. Die Form anschließend mit Granulat auffüllen und wieder in den Ofen schieben.

Das fertige Namensschild und Christbaumschmuck.

aussehen –, nehmen Sie das Blech aus dem Backofen und lassen die Formen auf einer hitzebeständigen Platte auskühlen. Wer es ganz eilig hat, kann auch mit etwas kaltem Wasser auf der Rückseite der Form nachhelfen). Dabei zieht sich das Material zusammen und kann dann leicht aus der Form gelöst werden. Etwaige scharfe Ränder werden mit einer Zange abgeknipst.

Zum Schluß werden mit einer über einer Kerzen- oder Gasflamme erhitzten Metallstricknadel vier Löcher in den Rand gebrannt, damit das Schild auch befestigt werden kann.

CHRISTBAUMSCHMUCK

Während alle eifrig Löcher brennen, hat die Mutter das Backblech mit Backpapier belegt und darauf so viele Plätzchenausstechformen verteilt, wie Kinder da sind. Wer mit seinem Namensschild fertig ist, macht jetzt noch einen Christbaumanhänger. Dazu steht farbiges Granulat zur Verfügung. Davon kann jetzt mehr in die Form gestreut werden, da nur noch ein Schmelzvorgang vorgesehen ist. Vielleicht ist ja ein anderes Familienmitglied so nett, den Schmelzvorgang zu überwachen und in die fertigen Anhänger in der schon beschriebenen Weise Löcher zu brennen. Wenn ja, kann die Spielrunde beginnen.

Die Löcher zum Aufhängen werden mit einer heißen Stopfnadel in die Granulatscheiben gebrannt.

Spiele

ICH SEHE WAS, WAS DU NICHT SIEHST

Ein Kind sieht sich im Raum um und bestimmt möglichst unauffällig einen Gegenstand, den die anderen raten müssen. Es sagt: »Ich sehe was, was Du nicht siehst, und das ist grün«. (Es wird immer nur die Farbe des jeweiligen Gegenstandes bekanntgegeben.) Die anderen Kinder fangen nun an zu raten. Das Kind, das die Aufgabe gestellt hat, darf nur mit ja oder nein antworten, so daß die Fragen entsprechend geschickt gestellt werden müssen. Wer den gemeinten Gegenstand errät, darf in der nächsten Runde die Aufgabe stellen.

KRA-OKRA

Jeder Spieler erhält zehn Haselnüsse und legt sie unter dem Tisch in seinen Schoß, so daß niemand die Nüsse sehen kann. Ein beliebiges Kind fängt an. Es nimmt unter dem Tisch eine Anzahl Nüsse in die eine Hand und legt dann die fest geschlossene Faust mit den Nüssen auf den Tisch.

Dann fragt es seinen Nachbarn zur Rechten: »Kra-Okra?« (Gerade oder ungerade?) Der Gefragte muß nun raten, ob eine gerade oder eine ungerade Zahl von Nüssen in der Hand versteckt ist und entsprechend entweder Kra (gerade) oder Okra (ungerade) sagen.

Hat er richtig geraten, gehören ihm die Nüsse in der Faust. Hat er falsch geraten, muß er aus seinem Vorrat dem Frager so viele Nüsse geben, wie dieser in der Hand versteckt hatte. Dann ist er dran und wendet sich wieder an seinen rechten Nachbarn.

Sieger ist derjenige, der zum Schluß die meisten Nüsse hat.

Wer seinen Vorrat verspielt hat, muß ausscheiden.

GESCHENKKORB PACKEN

Mutter muß zur Verwandtschaft reisen. Für Oma, Opa, Tanten, Neffen und Nichten soll deshalb ein Geschenkkorb gepackt werden. Ein Kind fängt an: »Ich packe in den Korb einen Kerzenleuchter. Das nächste Kind muß immer alle vorher eingepackten Geschenke in der richtigen Reihenfolge wiederholen und selbst noch eins dazutun, z. B. »Ich packe in den Korb einen Kerzenleuchter und ein Nachthemd«. So geht es weiter und wird natürlich immer schwieriger. Wer die Reihenfolge durcheinanderbringt oder ein Geschenk vergißt, scheidet aus. Anstelle des Geschenkes, was er gemacht hätte, steht dann ein Dummkopf, der genauso mit aufgezählt werden muß, wie alle anderen Dinge.

Wer zum Schluß übrigbleibt, ist Sieger. Er schließt den Geschenkkorb und gibt ihn der Mutter mit auf die Reise.

NÜSSE SUCHEN

Vor dem Fest wurde eine große Menge Nüsse überall im Zimmer versteckt. Jetzt erhält jeder eine Tüte und soll in fünf Minuten möglichst viele Nüsse einsammeln. Wer die meisten findet, ist Sieger. Aber natürlich dürfen auch alle anderen ihre Nüsse behalten.

GEWÜRZE RIECHEN

Die Kinder sollen nun mit verbundenen Augen Gewürze an ihrem Geruch erkennen. Dazu bilden sie zwei Gruppen. Die erste Gruppe bekommt die Augen verbunden und muß nun nacheinander an: Zimt, Pfeffer, Anis, Muskat, Nelken und Knoblauch riechen. Jedes Kind sagt, welches Gewürz es zu riechen glaubt. Die Antworten werden notiert. Dann ist die zweite Gruppe dran. Die Gruppe, die am Schluß die meisten richtigen Antworten gegeben hat, ist Sieger.

NÜSSE FÜHLEN

Alle Kinder sitzen einander am Tisch in zwei Reihen gegenüber. Die Hände werden unter den Tisch gestreckt. Nun gibt der Spielleiter dem ersten Spieler jeder Reihe eine Nuß, z. B. eine Walnuß, in die Hand. Nur durch Betasten soll herausgefunden werden, welche Nußart das ist. Der erste Spieler sagt, welche Nuß er zu fühlen glaubt und gibt die Nuß weiter.

Wenn sie das Ende der Reihe erreicht hat, kann jeder sehen, ob er richtig gefühlt hat. Die Reihe, die die meisten richtigen Antworten zu verzeichnen hatte, erhält einen Punkt. Dann folgen noch Erd-, Hasel- und Paranüsse. Das Erkennen ist übrigens schwerer, als es zunächst erscheint.

BESINNLICHER AUSKLANG

Wenn alle ihre Bratäpfel verzehren, klingt das Fest besinnlich aus. Vielleicht interessieren sich die Kinder für die Weihnachtsbräuche in anderen Ländern:

In *Frankreich* stopfen die Bauernkinder ihre Holzschuhe mit Heu aus. Das ist das Futter für die Kamele, auf denen die Heiligen Drei Könige reiten. Zu Weihnachten sind dann die Schuhe mit Süßigkeiten gefüllt.

Ähnlich ist es in *Spanien*. Dort werden die Schuhe auf den Balkon gestellt. Es sieht lustig aus, wenn man die Straße entlang sieht, und auf jedem Balkon stehen Kinderschuhe. An Weihnachten sind sie dann auch mit Süßigkeiten gefüllt.

In *Holland* wird Weihnachten sehr besinnlich gefeiert. Das eigentliche Familienfest ist Sinterklaas, unser Nikolausfest. Die Geschenke gibt es schon am Vorabend des Nikolaustages, also am 5. Dezember.

Wenn die Zeit es zuläßt, kann noch eine Geschichte vorgelesen werden. Ein Beispiel finden Sie am Ende dieses Kapitels unter dem Stichwort Vorlesegeschichte.

Speisevorschläge

Zum Geburtstagskuchen gibt es einen großen Teller selbstgebackene Plätzchen. Abends serviert man dann Bratäpfel. Dazu müssen die Kerngehäuse der Äpfel ausgestochen werden. Diese Löcher füllen Sie dann mit Rosinen, Nüssen und Marmelade. Obendrauf kommt ein Butterflöckchen. Die Äpfel können im Backofen in einer Bratfolie oder in einer Auflaufform gebraten werden. Eine Vanillesoße rundet das Ganze ab. Wer weniger für's Süße ist, kann auch Kastanien rösten.

Geschenktips

- Bastelbücher
- Bastelmaterial
- Kasten mit Granulat und Granulatformen
- Ein Gutschein für den Besuch des Weihnachtsmarktes.

Vorlesegeschichte

KOBO

Ja, am Heiligen Abend geschah das, was ich euch erzählen will, in einer Stadt hier bei uns in Deutschland.

Die Menschen waren am Nachmittag in die Kirche gegangen. Auf dem Weg nach Hause waren sie natürlich alle sehr aufgeregt, vor allem die Kinder. Jetzt sollte ja die Bescherung kommen. Es gab aber eine ganz andere Überraschung.

Überall in den Häusern war es das gleiche. Als nämlich der Vater in das Zimmer ging, um die Kerzen anzuzünden, saß da ein fremdes Kind. Und dieses fremde Kind sah ganz anders aus als die eigenen Kinder. Es hatte schwarze Haare, seine Haut war dunkel.

Fast alle Väter waren zuerst sprachlos und sagten dann beinahe die gleichen Worte: »Was machst du denn hier?« Aber nicht ein Vater bekam eine Antwort. In vielen tausend Wohnungen saßen die fremden Kinder stumm da und sahen die Männer mit großen Augen an, etwas ängstlich, bittend.

Danach holten die Väter ihre Frauen. »Else, komm doch einmal her«, rief Herr Kurtau. »Die Kinder bleiben aber draußen. Draußen bleiben, habe ich gesagt. Friedo, kannst du nicht hören?« Herr Kurtau sagte gar nichts, sondern zeigte nur auf das Kind. Lange standen sie schweigend da. Dann sagte Frau Kurtau: »Oh, wie elend sieht der Junge aus!« Herr Kurtau aber sagte: »Ich rufe die Polizei an. Hier ist etwas nicht in Ordnung.« Frau Kurtau war damit nicht ganz einverstanden: »Vielleicht besser den Arzt oder das Krankenhaus. Das Kind ist sicher krank. Es könnte ja sogar eine ansteckende Krankheit haben«. »Willst du die Rechnung für den Arzt und das Krankenhaus bezahlen?« antwortete Herr Kurtau.

Ja, so ähnlich ging es fast überall. Viele riefen tatsächlich bei der Polizei an. Bald wußte man bei der Polizei, daß es nicht nur ein Kind war, sondern Tausende. Was soll die Polizei am Heiligen Abend mit so vielen Kindern machen? Ärzte waren bald auch nicht mehr zu bekommen. Sie sagten nach der Untersuchung immer nur: »Das Kind ist unterernährt. Geben Sie ihm zu essen, dann wird es bald in Ordnung sein. Aber, bitte, zuerst leichte Kost.«

So blieben die Kinder bei den Leuten. Leider waren viele sehr verärgert, sagten, das ganze Fest sei verdorben, und schimpften herum. Wie ging es bei Kurtaus weiter? Als die Eltern sich noch in erregtem Ton darüber unterhielten, was zu tun wäre, hatte Friedo – acht Jahre – seine Nase durch den Türspalt gesteckt und sah das fremde Kind. Er stieß einen lauten Schrei der

Überraschung aus und rief sofort seine siebenjährige Schwester Luci. »Luci, Lucimaus, wir haben Besuch. Komm schnell einmal her.« Beide Kinder kamen ins Zimmer gerannt und hüpften vor Freude. Dann gingen sie etwas behutsamer auf das fremde Kind zu, das etwa genauso alt wie sie war.

Bei dem fremden Kind war eine Veränderung vor sich gegangen: Es strahlte. Friedo fragte das fremde Kind: »Wie heißt du?« Und weil das immer die erste Frage ist, wenn Kinder sich zum ersten Male sehen, gab das fremde Kind auch die richtige Antwort: »Kobo«, sagte es. »Kobo, Kobo!!« schrien Friedo und Luci. Luci hatte noch nicht vergessen, daß die Kinder das Zimmer nicht betreten sollten. Sie wollte ja auch den Baum nicht sehen, ehe die Kerzen angezündet waren. »Komm, Kobo, wir müssen vor der Tür warten«, sagte sie. Sie hielt Kobo die Hand hin, und Kobo stand tatsächlich auf. Alle drei liefen in den Flur, wo es eine lebhafte Unterhaltung gab.

Die Eltern hatten stumm und hilflos bei all dem zugesehen. »Was also nun?« fragte Herr Kurtau, »Polizei oder Krankenhaus?« »Kerzen anzünden«, sagte die Mutter. Dabei sah sie ihren Mann mit einem sehr festen, aber auch sehr lieben Blick an. Herr Kurtau blieb nichts anderes übrig, als nach den Streichhölzern zu greifen. Die Mutter ging zu den Kindern, und als der Gong im Zimmer ertönte, stimmte sie mit ihnen an: »Ihr Kinderlein kommet.« Dann gingen sie hinein, Kobo zwischen Friedo und Luci, dahinter die Mutter. So standen sie vor dem Baum und sangen die zweite Strophe. Und es schien, als sänge sogar Kobo mit. Während Herr Kurtau die Weihnachtsgeschichte vorlas, hatten die Kinder ihre Augen auf die Figuren im Stall gerichtet. Eine Figur fesselte sie dieses Mal besonders: der schwarze Kaspar. Friedo hatte große Mühe, das Ende der Geschichte abzuwarten, denn er hatte eine großartige Idee, als er den schwarzen Kaspar zwischen Melchior und Balthasar stehen sah: »Wir spielen »Die drei Könige«, platzte er heraus. Und er zeigte auf die drei Figuren und auf sich und die beiden anderen Kinder, so daß Kobo wußte, worum es ging.

Ich kann nicht alles erzählen, was sich noch zutrug bei Kurtaus. Nur von der Bescherung muß ich noch berichten. Es war nicht ganz einfach, aber sie waren alle so glücklich dabei wie nie zuvor. Es war bei Kurtaus so Sitte, daß man von Tisch zu Tisch ging und bei dem jüngsten Familienmitglied, also bei Luci, anfing.

Ohne daß irgendeine Absprache stattfand, wußte jeder von den Kurtaus, worauf es ankam. Man mußte mit dem ersten Blick auf den eigenen Gabentisch entscheiden, welche Geschenke man Kobo abgeben wollte. Kobo sollte nämlich nicht merken, daß für ihn gar nichts vorgesehen war. Er sollte den Eindruck haben, daß bestimmte Sachen von vornherein für ihn bestimmt waren. Luci machte es eigentlich am besten, obwohl sie es gar nicht leicht hatte. Sie sah auf ihren Tisch und griff ohne zu zögern zu einem Malblock und einer Schachtel mit Buntstiften: »Oh, das Christkind für Kobo!« Nun hatte sie etwas Zeit gewonnen. Angestrengt sah sie sich um, was wohl noch für Kobo sein könnte. Da fiel ihr Blick auf einen wunderschönen Schal, den sicher die Mutter gestrickt hatte. Es war ihr besonderer Wunsch gewesen, einen ganz langen Schal zu besitzen, so lang, daß die beiden Enden über die Schultern weit herunterhingen, eines vorne und eines hinten. Aber jetzt hatte sie noch einen viel größeren Wunsch: noch etwas für Kobo zu finden. Entschlossen griff sie den Schal, wand ihn Kobo um den Hals und gab ihm noch einen Kuß. Dann sah sie sich die anderen Geschenke auf ihrem Tisch an.

Die anderen Kurtaus folgten nun dem Beispiel Lucis, als sie an der Reihe waren, ihre Geschenke zu besehen. Wie gesagt: Ich kann nicht alles ausführlich erzählen. Es waren herrliche Tage. Als sie am Neujahrsmorgen aufwachten, gab es allerdings wieder eine Überraschung: Kobo war verschwunden. Jetzt erst erinnerten sich Kurtaus daran, daß Kobo auf so geheimnisvolle Weise erschienen war. Sie erkundigten sich bei den Nachbarn und fanden ihre Vermutung bestätigt: Alle Kinder waren so plötzlich verschwunden, wie sie am Heiligen Abend dagesessen hatten. Manche atmeten auf und sagten: »Gott sei Dank!«

Aber Kurtaus und viele andere waren sehr traurig. Es gab eine kleine Nachüberraschung. Einige Tage später kam mit der Post ein Brief ohne Absender. Dieser Brief enthielt nur ein Wort: »Dankeschön.« Von wem war der wohl? Von Kobo? Der konnte ja nicht schreiben! Luci hatte die beste Erklärung: »Der Brief ist, glaube ich, vom Christkind.« »Jesus hat uns einen Brief geschrieben«, bestätigte Friedo. Und das ist ja wirklich eine aufregende Sache, wenn man von Jesus einen Brief bekommt.

Noch ein letzter Schluß. In diesem Jahr hat Luci auf ihren Wunschzettel geschrieben: »Einen Schal, wie Kobo ihn im letzten Jahr bekommen hat. Und bitte, laß Kobo wiederkommen.«

Friedo schreibt keine Wunschzettel mehr, ja er lächelt darüber, wenn Luci es tut. Aber er hat doch zu Luci gesagt, daß er diesen Wunsch voll und ganz billige.

Reinhard Köster

Das Rad der Zeit

Mit der beginnenden Pubertät geht die Zeit der Kindergeburtstage zu Ende. Die schwierige Situation der Zwölf- bis Dreizehnjährigen, die an der Grenze zwischen Kindheit und dem Eintritt in das Erwachsenenalter stehen, soll mit dem letzten Thema dieser Geburtstagsvorschläge aufgegriffen werden. Das Rad der Zeit ist das Symbol für die Zeit, die sich fortbewegt, die die Kindheit hinter sich läßt und unaufhaltsam auf den nächsten Lebensabschnitt zurollt.

Einladung

Zunächst wird auf ein Blatt Papier im Format 16 cm x 16 cm das Rad der Zeit gezeichnet. Da diese Zeichnung nachher zu einem Puzzle auseinandergeschnitten werden soll, können Sie die späteren Schnittlinien jetzt schon mit Bleistift vorzeichnen. Diese Vorlage wird für jede Einladungskarte einmal kopiert. Wer will, kann das Rad vor dem Auseinanderschneiden auch noch bunt bemalen.

Das Puzzle wird auf dickeres Papier gemalt und kann beispielsweise an den gestrichelten Linien auseinandergeschnitten werden.

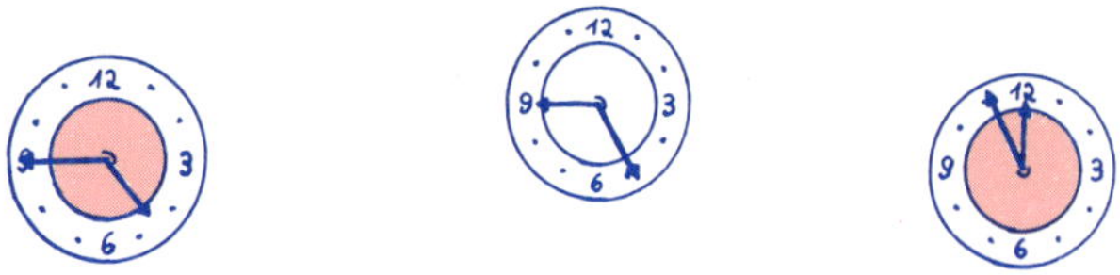

Bitte in diese Fläche
das Puzzle
einkleben

Lieber Stephan!

Hiermit lade ich Dich sehr herzlich zu meinem Geburtstag ein. Wenn Du das Minipuzzle zusammensetzt, dann erfährst Du das Stichwort und das Thema, unter denen unser Nachmittag stehen wird.
Ich wünsche Dir viel Erfolg beim Puzzeln!
Beginn: 15 Uhr. Abendessen gibt es um 19 Uhr.

Herzliche Grüße

Deine Katrin

Ein Puzzle ist Teil der Einladungskarte. Das Puzzle wird separat beigelegt, und die Gäste müssen es in den vorgesehenen Rahmen kleben.

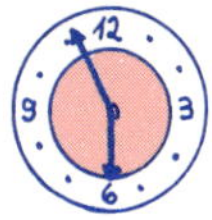

Die eigentliche Einladung wird auf ein DIN A 4 Blatt geschrieben. Oben bleibt Raum mit den Maßen 16 cm x 16 cm für einen Rahmen frei, wo das Puzzle aufgeklebt werden kann. Darunter steht der Text der Einladung.

Planung

Der Nachmittag beginnt mit einer Kaffeetafel. Der Spaß fängt schon an, wenn der erste Gast seinen in die Torte eingebackenen Zettel findet und nun etwas zur Unterhaltung der Tischrunde beitragen muß (siehe Kapitel Speisevorschläge).

Für die anschließende Spielrunde benötigen Sie, da sich die Kinder für viele Spiele schon zu »groß« fühlen, eine Menge Papier, Kugelschreiber, Blei- und Filzstifte, Scheren, Klebstoff, Lineal usw., außerdem vier Kartons. In jedem Karton sollten zwei Kinder hintereinander stehen können.

Wer ein Wettpuzzle veranstalten will, sollte sich zwei gleichgroße Poster oder Bilder besorgen und diese schon vor dem Fest zerschneiden. Die für diese Altersgruppe im Handel erhältlichen Puzzles haben in der Regel zu viele Teile und lassen sich schwerlich im Rahmen eines Spielnachmittags zusammensetzen.

Dekoration

Die Geburtstagstorte, die in der Mitte der festlich gedeckten Tafel prangt, ist mit einer Uhr verziert.

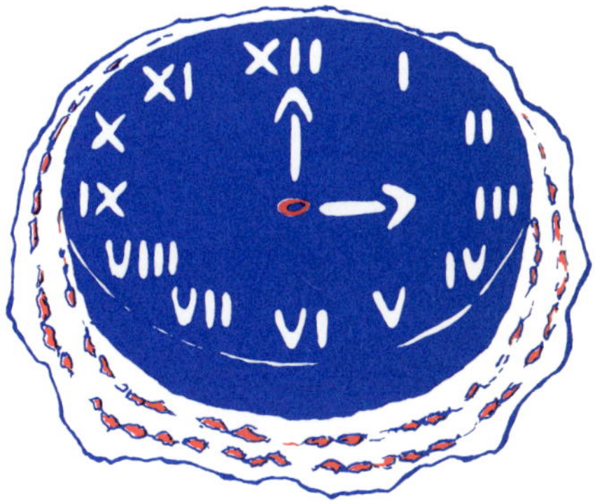

Die Verzierung der Geburtstagstorte greift das Motto nochmals auf: Sie zeigt das Zifferblatt einer Uhr aus Zuckerguß.

Die Tischkarten bestehen diesmal aus zwei Teilen. Jedes Kind zieht zunächst einen Zettel, auf dem der Anfang eines Sprichwortes, das mit Zeit zu tun hat, vermerkt ist. Jetzt suchen die Geburtstagsgäste an der Tafel die dazugehörige Tischkarte, und bald hat jeder seinen Platz gefunden. Geeignete Sprichwörter sind z. B.:

Eile ... mit Weile.
Eine Schwalbe macht ... noch keinen Sommer.
Morgenstund' ... hat Gold im Mund.
Wer zuerst kommt ... mahlt zuerst.

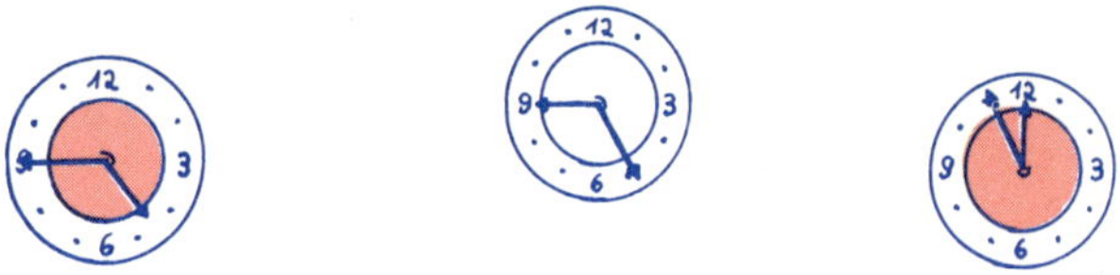

Gut Ding … will Weile haben.
Die Zeit … heilt alle Wunden.
Man soll den Tag nicht … vor dem Abend loben.
Morgen, morgen, nur nicht heute … sagen alle faulen Leute.
Zeit ist … Geld.
Kommt Zeit … kommt Rat.

Spielvorschläge

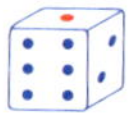

ZEITQUIZ

Den Anfang der Spiele macht ein Quiz zum Thema Zeit. Jeder erhält einen Block und einen Kugelschreiber. Der Spielleiter liest die Fragen vor. Für jede Frage gibt es zwei Minuten Zeit, die Antworten hinzuschreiben.

1. Frage:
Nenne möglichst viele Begriffe, mit denen Tages- oder Jahreszeiten benannt werden.
(Sommer, Abend, Lenz usw.)

2. Frage:
Was für Arten von Uhren gibt es? Zähle möglichst viele auf.
(Sonnenuhr, Standuhr, Eieruhr usw.)

3. Frage:
Nenne möglichst viele Begriffe, in denen das Wort Zeit in Zusammensetzung mit anderen Wörtern oder Buchstaben vorkommt.
(zeitig, Zeitansage, Zeitung usw.)

4. Frage:
Nenne möglichst viele Begriffe, die eine Zeitangabe darstellen.
(früh, spät, Sekunde, zeitig usw.)

Anschließend liest jeder seine Begriffe vor. Jeder richtige Begriff erhält einen Punkt. Wer die meisten Punkte hat, ist Sieger.

RÄTSELRATEN

Die Kinder teilen sich – am besten durch Losen – in zwei Gruppen. Der Spielleiter liest ein Rätsel vor. Die Gruppenmitglieder beraten sich über die Lösung. Sie müssen sich auf eine Lösung einigen. Die Gruppe, die richtig geraten hat, erhält einen Punkt. Lösen beide Gruppen das Rätsel, bekommt natürlich jeder einen Punkt.

Hier ein paar Rätselbeispiele:

1. Rätsel
Gar kunstvoll erschuf man ein Ding,
das geht und wird auch getragen.
Es weder Arme noch Hände empfing,
kann aber – oh Wunder – doch schlagen.
(Uhr)

2. Rätsel
Vorwärts und rückwärts bedeutet's das gleiche,
daß nämlich das Wasser vom Strande weiche.
(Ebbe)

3. Rätsel
Es wiederholt sich jeden Tag,
solang die Erde bestehen mag.
Gestern wurde es erwartet,
jetzt ist's schon davongestartet;
in ihm wir gegenwärtig sind,
nun schnell das Wort rausfind!
(heute)

4. Rätsel
Kein Gold, kein Silber kann heller,
kein Vogel in Lüften kann schneller,
kein Pfeil durchdringender sein.
Verwahret die Fenster und Riegel,
ich breche nicht Schloß oder Siegel
und komme doch überall plötzlich hinein. (das Licht)

5. Rätsel
Mich siehst Du nicht, doch fühlst Du mich.
Du weißt, daß ich stets bin um Dich.
Dein Leben kann ich Dir nicht geben,
doch kannst Du ohne mich nicht leben.
(Luft)

6. Rätsel
Wenn gestern am Mittwoch morgen war
und morgen am Samstag gestern war,
welcher Tag ist dann heute?
(Freitag)

FLOTT, FLOTT

Dieses Spiel wird analog zu Dalli-Dalli gespielt. Die beiden Mannschaften setzen sich, jeweils in einer Reihe, einander gegenüber. Die Gruppen erhalten, immer abwechselnd, eine etwa gleich schwere Aufgabe.

Beispiele:

1. Gruppe
Was kann man alles in der Freizeit machen?

In welchen Sportarten geht es auch um Zeit?

2. Gruppe
Was kann man alles in der Halbzeit/Pause machen?

Welche Rekorde lassen sich aufstellen?

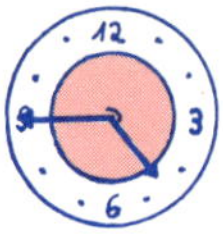

Nenne möglichst viele Zeitwörter (Verben), die Bewegung ausdrücken.	Nenne möglichst viele Zeitwörter, die Ruhe ausdrücken.
Welche Tiere sieht man in der Nacht?	Welche Tiere sieht man am Tag?

Der erste der Reihe fängt an, dann kommt der nächste usw., bis die Reihe durch ist und wieder von vorne angefangen wird. Jeder Spieler muß ein Wort sagen, sonst geht die Kette nicht weiter. Die jeweilige Gegenpartei ist – zusammen mit dem Spielleiter – die Jury. Jeder Durchgang dauert 15 Sekunden.

Damit nicht immer derselbe Spieler anfängt, rücken alle nach jedem Durchgang einen Platz nach rechts. Der letzte, der seinen Platz ja verliert, setzt sich dann an die erste Stelle. Sieger ist die Gruppe, die die meisten Punkte sammeln kann. Jede richtige Lösung ist ein Punkt, Doppelnennungen werden nicht mitgezählt.

WER SCHÄTZT DIE ZEIT RICHTIG EIN?

Jede Mannschaft bestimmt einen Spieler, der sie bei diesem Spiel vertreten soll. Aufgabe der Spieler ist es, den Raum von einer Zimmerwand zur anderen in möglichst exakt einer Minute zu durchqueren. Da die Spieler ihre Uhren vorher abgegeben haben, kommt es ganz auf ihr Zeitgefühl an, ob sie die Dauer einer Minute richtig einschätzen. Keiner darf zwischendurch stehenbleiben und die Zeit verstreichen lassen, sondern auf dem Weg von der einen Zimmerwand zur anderen muß sich immer bewegt werden. Keine ganz leichte Aufgabe. Sieger wird der Spieler, der der Zeitvorgabe am nächsten gekommen ist. Seine Mannschaft erhält einen Punkt.

GUTEN APPETIT!

Wieder werden zwei Spieler als Vertreter der Mannschaft bestimmt. Auf einem Tisch stehen zwei Teller mit je einem nicht zu großen Stück trockenen Kuchen. Diesen müssen die Spieler nun, ohne die Hände zu benutzen, möglichst schnell aufessen. Die siegreiche Mannschaft bekommt wieder einen Punkt.

KARTOFFELERNTE

Mit Hilfe von Stühlen wird eine Spielfläche abgegrenzt. Die Spieler der

ersten Mannschaft bekommen die Augen verbunden. Inzwischen sind im Spielkreis etwa 30 Kartoffeln verteilt worden. Die Spieler haben die Aufgabe, möglichst viele von diesen Kartoffeln aufzulesen und in eine bestimmte Ecke zu bringen. Nach zwei Minuten werden die Rollen vertauscht, die Kartoffeln wieder verstreut (vorher die Beute der ersten Mannschaft zählen), und die zweite Gruppe versucht ihr Glück. Sieger ist, wer am meisten Kartoffeln in seinen Vorratskeller geschafft hat.

BALLSTAFETTE

Auch dieses Spiel wird als Staffel gespielt. Die Kinder stellen sich in zwei Reihen nebeneinander auf. Der jeweils erste Spieler erhält ein Glas mit einem Tischtennisball darin. Die Aufgabe lautet, den Ball aus dem Glas herausfallen zu lassen (nicht hochwerfen!) und ihn, bevor er die Erde berührt, wieder aufzufangen. Dann wird das Glas mit dem Ball an den nächsten Spieler weitergegeben usw. Fällt einem Spieler der Ball auf die Erde, muß er die Aufgabe wiederholen.

Gewonnen hat die Gruppe, die das Glas am schnellsten von Spieler zu Spieler weiterreichen konnte.

DAS GROSCHENSPIEL

Die beiden Gruppen stellen zwei Stuhlreihen so nebeneinander, daß die Kinder hintereinander sitzen. Jetzt streckt jeder seinen rechten Arm nach vorne und seinen linken Arm nach hinten aus und ergreift die Hände seines Vor- bzw. Hintermanns. (Natürlich haben der erste und der letzte Spieler jeweils eine Hand frei.)

Der Spielleiter setzt sich nun so zwischen die beiden Reihen, daß er von den beiden letzten Spielern gut gesehen werden kann. Er wirft einen Groschen hoch. Wenn die Zahl oben ist, drücken die beiden letzten Spieler ihrem Vordermann die Hand. (Dabei darf nicht gesprochen werden!) Dieses Zeichen läuft nun durch die Reihe. Ist es vorn angekommen, springt der erste Spieler auf, läuft zu einem Tisch in der Mitte des Raumes und schlägt dort an.

Die Gewinnergruppe rutscht dann einen Platz weiter nach vorn; der erste Spieler nimmt den letzten Platz ein. Gewonnen hat zum Schluß die Gruppe, die zuerst mit allen Spielern an der Reihe war. Wird in einer Gruppe »blinder Alarm« ausgelöst, darf die andere Gruppe einen Platz weiter nach vorn rücken.

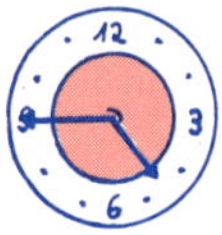

KISTENLAUF

Dieses Spiel wird als Staffel gespielt. Zunächst wird die Rennstrecke festgelegt und markiert. Immer zwei Spieler einer Gruppe bilden ein Team und treten gegen das gegnerische Team an.

Jedes Team erhält zwei Kartons, mit deren Hilfe sich die Spieler fortbewegen müssen. Das geht folgendermaßen: Beide Spieler stellen sich hintereinander in den einen Karton und legen den nächsten vor sich auf die Erde. In diesen Karton steigen sie dann um und legen den hinteren, jetzt leeren Karton wieder nach vorne usw. Fällt einer der Spieler um oder tritt aus dem Karton heraus, muß er von vorne anfangen.

Am Ziel warten dann schon die nächsten beiden Spieler der Mannschaft, um die Kartons auf die gleiche Weise an ihren Ausgangspunkt zurückzubringen. Wenn jedes Team zweimal durch ist, ist Schluß. Sieger ist die schnellere Gruppe.

WETTPUZZLE

Wer mag, kann zum Schluß der Gruppenwettkämpfe noch ein Wettpuzzlespiel veranstalten. Die Puzzles dafür müssen allerdings schon vorbereitet sein (siehe Kapitel Planung). Sieger wird die Gruppe, die ihr Puzzle am schnellsten zusammengesetzt hat.

Nun wird die siegreiche Gruppe anhand der bisherigen Ergebnisse bestimmt. Die Mitglieder dieser Gruppe dürfen sich zuerst unter den bereitgelegten Geschenken etwas Passendes aussuchen, dann die Verlierer.

PANTOMIME

Um die erhitzten Gemüter wieder etwas zu beruhigen, folgt jetzt eine Pantomime, d.h. ein Spiel, bei dem nicht gesprochen wird.

Unter dem Titel: »Ein Vormittag auf dem Markt« werden verschiedene Begriffe, die mit Zeit zu tun haben, durchgespielt. Z.B. Eile, Langsamkeit, Geduld, Ungeduld, Langeweile usw. Die Zuschauer sollen dann jeweils raten, welcher Begriff dargestellt wird.

WIR MACHEN EINE ZEITUNG

Zum Abschluß des Nachmittags stellt die Geburtstagsrunde eine »Geburtstagszeitung« her. Zunächst wird festgelegt, was die Zeitung alles enthalten soll. Ganz wichtig ist

- ein Titel und
- ein Impressum, in dem jeder Zeitungsmacher erwähnt wird.

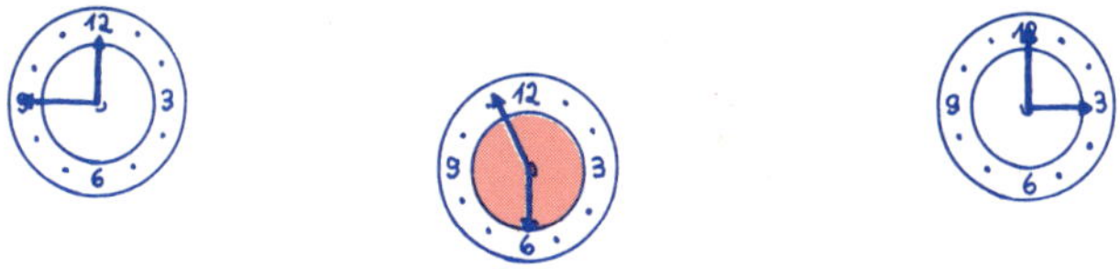

Welche Beiträge die Zeitung im einzelnen enthalten soll, bestimmen die Kinder in einer Redaktionskonferenz selbst. Allerdings sollte ein Zeitplan vorgegeben werden, damit das Ganze nicht zu lange dauert.

Zur Herstellung der Zeitung brauchen die Gäste weißes Schreibmaschinenpapier, schwarze Filzschreiber (da das Original später für jeden Gast kopiert wird, sollte man auf einer schwarz/weiß Ausführung bestehen), Linienblätter, Lineal, Klebstoff und Scheren. Zusätzlich werden einige Zeitungen ausgelegt, aus denen die Kinder notfalls noch Anregungen entnehmen können. Die Eltern stehen als Fachberater zur Verfügung.

Einer wird zum Drucker ernannt. Er schreibt die fertigen Beiträge ins reine. Ein paar Illustrationen vervollständigen das Werk.

Speisevorschläge

Der Geburtstagskuchen ist eine gefüllte Torte, z.B. eine Schwarzwälder Kirschtorte oder eine Schokoladentorte, deren Oberfläche als Uhr verziert wird. Als besonderen Gag wurden beim Füllen der Torte kleine Zettel aus Butterbrotpapier in die Torte geschmuggelt: Auf diesen zusammengefalteten Zetteln steht für jeden Gast eine kleine Aufgabe, die zur Unterhaltung der Kaffeetafel dient.
Beispiele:

Singe ein Lied!
Sage ein Gedicht auf!
Ahme Dein Lieblingstier nach!
Du kannst Dir einen Kaugummi abholen!
Fülle alle Tassen nach!

Das Abendbrot wird einem Schnellimbiß nachempfunden. Es gibt kalte Koteletts oder Buletten mit Kartoffel- oder Nudelsalat, dazu Fruchtsäfte.

Geschenktips

- Ein Zeitschriftenabonnement (z.B. »Das Tier« oder eine andere Hobbyzeitschrift).
- *Heinz Kurth,* Jetzt weiß ich mehr über die Zeit, Herder Verlag.
- Uhr.
- Taschenrechner mit Uhrzeit.
- Kugelschreiber mit Uhr.
- Tagebuch.
- Kalender.

Eine kleine Ideensammlung

Natürlich sind mit diesen Vorschlägen keineswegs die Möglichkeiten erschöpft, spannende und ideenreiche Kinderfeste zu gestalten. Darum sollen hier noch einige Tips gegeben werden, welche weiteren Themen sich als Motto für einen Kindergeburtstag eignen.

In einem *Märchenfest* können Gestalten der Märchen lebendig werden.

Dem Kasper könnte eigens ein *Kasperlefest* gewidmet sein.

Zu ganz verrückten Ideen könnte es kommen bei einem *Astronautenfest*, das eine geheimnisvolle Welt beschwören müßte.

Gemütlich kann es zugehen beim *Bratäpfelfest* oder dann, wenn beim *Lichterfest* Kerzen und Laternen, Masken und Figuren zum Leuchten kommen.

Beim *Backfest* werden Salzteigfiguren geformt und geboren; ähnlich könnte es beim *Modellierfest* zugehen, wenn der Phantasie keine Grenzen gesetzt werden.

Weil die Musik häufig zu kurz kommt und damit auch die musikalischen Kinder, könnte einmal ein *Sängerwettstreitfest* probiert werden.

Und wie wäre es mit einem *Kostümfest*, das nicht nur zur Faschingszeit auf Begeisterung stoßen wird.

Theaterspielen kommt zum Zug beim *Pantomimenfest* oder beim *Theaterfest*, bei dem es sicher viel Spaß geben kann.

Das Lieblingsbuch bringen die Leseratten mit zum *Lesefest*.

Spannend und zugleich ruhig geht es zu beim *Puzzlefest*, und knifflig gestaltet sich das *Rätselfest*.

Damit die Kinderschar nicht nur in der Stube hockt, bieten sich natürlich auch viele Feste im Freien an (wohltuend für die Mütter, die Angst haben, ihre Wohnung nicht mehr wiederzuerkennen!): Da planen die einen ein *Schneemannfest*, andere schwärmen vom *Kartoffelfeuerfest*.

Das *Eisenbahnfest* ermöglicht eine Bahnfahrt, das *Seefahrerfest* wird dagegen auf dem Wasser gefeiert.

Beim *Häuslefest* wird das Häuschen im Baum eingeweiht, und beim *Malerfest* darf die alte Garagenwand bunt bemalt werden.

Schließlich kann ein Kindergeburtstag zum *Familienfest* werden, wenn nicht nur die Mutter sich als Maître de plaisier verdient macht, sondern Vater und Mutter, ältere und jüngere Geschwister, Opa und Oma sich an den Aktivitäten beteiligen.

Wenn alle Feste ausprobiert sind, gibt's vielleicht ein neues Buch, das bestimmt spannend wird, weil es gut ist, Neues auszuprobieren und anderen davon zu erzählen. Denn so kommen verschiedene Ideen und Erfahrungen zusammen, und darauf beruht letztlich jeder Erfolg.

Soviel Aufwand für einen Tag?

Diese Frage stellen sich vielleicht manche Eltern, wenn sie dieses Buch durchgeblättert haben. Wir wollen zunächst einmal diesen Seufzer mit der Bitte aufnehmen, keine Angst vor dem Kindergeburtstag zu haben. Vielleicht wird manches ganz anders, einfacher, fröhlicher und unkomplizierter, als es sich zunächst liest. Aber zum Schluß bleiben die fröhlichen Kinderaugen, der ausgesprochene oder unausgesprochene Dank des Geburtstagskindes!

Wir haben unsere eigenen Kinder auf ihre Ehrentage angesprochen: »Woran erinnert Ihr Euch, wenn Ihr an Eure Geburtstage zurückdenkt?«

Die Antworten kamen prompt und überzeugend:

»Meine Geburtstage waren die Sensation bei meinen Schulkameraden!«

»Ich brauchte keine Angst zu haben, daß mein Geburtstag langweilig würde, weil die Eltern sich den ganzen Nachmittag Zeit dafür nahmen!«

»Die Spannung fing schon mit der Einladung an. Jedes Jahr gab es eine neue Idee!«

»Die Geburtstage prägten sehr die Gemeinschaft in meinem Freundeskreis!«

»Meine Freunde haben immer schon auf die Einladung gewartet, weil unsere Feste etwas Besonderes waren!«

»Ich erinnere mich besonders an die großen Kaffeetafeln und die Überraschungen, die es dabei gab, z. B. wenn die Aufgaben im Kuchen versteckt waren!«

»Es gab immer etwas zu raten, Aufgaben zu erfüllen oder gar, wie bei dem Dorfspiel, einen geheimnisvollen Fremden zu finden!«

»Noch lange gehörten die Geburtstage zum Pausengesprächsstoff!«

Genug der Antworten!

Wir sagen dankbar und froh: »Wirklich, es hat sich gelohnt! Es waren eben

KINDERGEBURTSTAGE,
DIE KEINER VERGISST!

UNSER TIP

Kindergedichte rund ums Jahr
(**1040**) Von A. Schweiggert, 80 S., 49 Zeichn., 6 Vignetten, kart.,
DM 7,80, S 69,–, SFr 8,30

Kindergedichte für Familienfeste
(**0860**) Von B. H. Bull, 96 S., 20 Zeichn., kart.,
DM 6,80, S 59,–, SFr 7,30

Reden zur Hochzeit
Musteransprachen für Hochzeitstage
(**0654**) Von G. Georg, 112 S., kart.,
DM 6,80, S 59,–, SFr 7,30

Glückwunschverse für Kinder
(**0277**) Von B. Ulrici, 80 S., kart.,
DM 6,80, S 59,–, SFr 7,30

Kindergedichte zur grünen, silbernen und goldenen Hochzeit
(**0318**) Von H.-J. Winkler, 104 S., 20 Abb., kart.,
DM 9,80, S 79,–, SFr 10,40

Großes Buch der Glückwünsche
(**0255**) Von O. Fuhrmann, 176 S., 77 Zeichn., kart.,
DM 12,80, S 99,–, SFr 13,60

FALKEN

Der Spezialist für nützliche Bücher

Falls durch besondere Umstände Preisänderungen notwendig werden, erfolgt Auftragserledigung zu dem bei der Lieferung gültigen Preis.

UNSER TIP

Verse fürs Poesiealbum
(0241) Von I. Wolter, 96 S., 20 Abb., kart.,
DM 6,80, S 59,–, SFr 7,30

Heiter und besinnliche Verse fürs Poesiealbum
(1069) Von B. H. Bull, 160 S., 70 zweifbg. Illustr., Pbd.,
DM 16,80, S 139,–, SFr 17,80

Klassische Verse und Zitate
Für Glückwünsche, Briefe, Reden und Poesiealben
(1223) Von P. Motzan, 224 S., 40 Abb., Pbd.,
DM 19,80, S 159,–, SFr 20,90

Die schönsten Volkslieder
(0432) Hrsg. von D. Walther, 112 S., mit Noten und Zeichn., kart.,
DM 8,80, S 74,–, SFr 9,40

Alte und neue Wanderlieder
(1268) Von P. G. Walter, 96 S., 33 Zeichn., kart.,
DM 12,80, S 99,–, SFr 13,60

Wetter und Wind ändern sich geschwind
Beliebte Bauernregeln
(1267) Hrsg. G. Haddenbach, 88 S., 38 zweifbg. Illustr., kart.,
DM 9,80, S 79,–, SFr 10,40

FALKEN

Der Spezialist für nützliche Bücher

Falls durch besondere Umstände Preisänderungen notwendig werden, erfolgt Auftragserledigung zu dem bei der Lieferung gültigen Preis.

Cocktails
(**4267**-1) Von W. R. Hoffmann, W. Hubert, U. Lottring, 160 S., 164 Farbfotos, 1 s/w-Foto, Pappband. ●●●

Cocktails und Mixereien
für häusliche Feste und Feiern. (**0075**-8) Von J. Walker, 96 S., 4 Farbtafeln, kart. ●

Die besten Punsche, Grogs und Bowlen
(**0575**-X) Von F. Dingden, 64 S., 4 Farbt., kart. ●

Schlank werden nach Dr. Hay **Trennkost**
Die bewährten Vollwert-Rezepte von Ursula Summ. (**4298**-1) Von U. Summ, 96 S., 54 Farbfotos, 1 Zeichnung, kart. ●●

Das große Buch der Trennkost
Neue Rezepte von Ursula Summ
(**4498**-4) Von U. Summ, 144 S., ca. 100 Farbfotos, Pappband. ●●●

Gesund leben nach Dr. Hay
Cholesterinarme Trennkost
Neue Vollwert-Rezepte von Ursula Summ
(**4475**-5) Von U. Summ, 96 S., 52 Farbfotos, kart. ●●

Eßlust statt Diätfrust
Die Pfundskur
(**1102**-4) Von Prof. Dr. V. Pudel, 144 S., 8 s/w-Zeichnungen, 4 Vignetten, kart. ●

Schlank nach Maß
mit der Diät-Computerwaage
(**1064**-8) Von K. Alisch, 104 S., 8 Farbtafeln, kart. ●

Gesundes Essen für Berufstätige
Die 4-Wochen-Vollwertkur (**1065**-6) Von M. Weber, ca. 80 S., 8 Farbtafeln, kart. ●

Hobby und Freizeit

Falken-Handbuch
Zeichnen und Malen
(**4167**-5) Von B. Bagnall, 336 S., 1154 Farbabb., Pappband. ●●●●●

Punkt, Punkt, Komma, Strich
Zeichenstunde für Kinder
(**0564**-4) Von H. Witzig, 144 S., über 250 Zeichnungen, kart. ●

Einmal grad und einmal krumm
Zeichenstunde für Kinder
(**0599**-7) Von H. Witzig, 144 S., 363 Abb., kartoniert. ●

Figürliches Zeichnen
leicht gemacht
(**1010**-9) Von H. Witzig, 112 S., 462 Figuren, kartoniert. ●

Airbrush
Kreatives Gestalten mit dem Luftpinsel
(**1133**-4) Von C. M. Mette, 80 S., 145 Farbfotos, 40 Farbzeichnungen, kartoniert. ●●

Kalligraphie
Die Kunst des schönen Schreibens
(**4263**-9) Von C. Hartmann, 120 S., 44 Farbvorlagen, 29 s/w-Vorlagen, 2 s/w-Zeichnungen, 38 Farbfotos, Pappband. ●●●●

Gestalten mit Schrift
Kalligraphie
(**1044**-3) Von I. Schade, 80 S., 2 Farb- und 1 s/w-Foto, 143 Farbzeichnungen, kart. ●●

Aquarellmalerei leicht gelernt
Materialien · Techniken · Motive
(**0787**-6) Von T. Hinz, R. Braun, B. Zeidler, 32 S., 38 Farbfotos, 1 Zeichn., Pappband. ●

Hobby Aquarellmalen
Landschaft und Stilleben
(**0876**-7) Von I. Schade, A. Brück, 80 S., 111 Farbabb., kart. ●●

Hobby Ölmalerei
Landschaft und Stilleben
(**0875**-9) Von H. Kämper, I. Becker, 80 S., 93 Farbabb., kart. ●●

Hobby Bauernmalerei
(**0436**-2) Von S. Ramos und J. Roszak, 80 S., 116 Farbfotos und 28 Motivvorlagen, kart. ●●

Seidenmalerei in Vollendung
(**4414**-3) Hrsg. von R. Smend, 160 S., 227 Farbfotos, 36 s/w-Fotos, geprägter Leineneinband mit Schutzumschlag, im Schuber. ●●●●●

Seidenmalerei und Modedesign
Modelle · Techniken · Schnittmuster
(**4476**-3) Von B. Hansen, 176 S., 140 Farbfotos, 93 Farb-, 68 s/w-Zeichnungen, Pappband. ●●●●

Seidenmalerei als Kunst und Hobby
(**4264**-7) Von S. Hahn, 136 S., Farbabb., 1 s/w-Foto, Pappband. ●●●●

Neue zauberhafte Seidenmalerei
Motive und Anregungen aus der Natur
(**0924**-0) Von R. Henge, 80 S., 148 Farbfotos, 27 s/w-Zeichnungen, kart. ●●

Krawatten, Tücher und Fliegen individuell gestalten
Seidenmalerei
(**1242**-X) Von A. Reichmann, 64 S., durchgehend vierfarbig, kart. ●●

Kunstvolle Seidenmalerei
Mit zauberhaften Ideen zum Nachgestalten
(**0783**-3) Von I. Demharter, 32 S., 56 Farbfotos, Pappband. ●

Aquarellieren auf Seide
Materialien · Techniken · Motive
(**0917**-8) Von I. Demharter, 32 S., 41 Farbfotos, Pappband. ●

Seidenmalerei Landschaften
(**5153**-0) Von D. Kosik, 32 S., 50 Farbfotos, 12 Zeichnungen, mit Vorlagebogen in Originalgröße, kart. ●

Seidenmalerei Kissen
(**5151**-4) Von I. Demharter, 32 S., 42 Farbfotos, 2 Zeichnungen, mit Vorlagebogen in Originalgröße, kart. ●

Seidenmalerei Blusen und T-Shirts
(**5184**-0) Von A. Keller, 32 S., 28 Farbfotos, 12 Zeichnungen, mit Vorlagebogen in Originalgröße, kartoniert. ●

Seidenmalerei Tücher und Schals
(**5152**-2) Von R. Henge, 32 S., 36 Farbfotos, 1 Zeichnung, mit Vorlagebogen in Originalgröße, kart. ●

Seidenmalerei Tiermotive
(**5204**-9) Von A. Keller, 32 S., 37 Farbfotos, mit Vorlagebogen in Originalgröße, kart. ●

Serti Designo
Seidenmalerei mit Kreidestiften
(**5208**-1) Von S. Tichy-Gibley, 32 S., 46 Farbfotos, mit Vorlagebogen in Originalgröße, kart. ●

Seidenmalerei Lampenschirme
(**5154**-9) Von I. Walter-Ammon, 32 S., 47 Farbfotos, 1 Zeichnung, mit Vorlagebogen in Originalgröße, kart. ●

Seidenmalerei Blüten, Blätter, Ranken
(**5165**-4) Von D. Kosik, 32 S., 35 Farbfotos, 4 Zeichnungen, mit Vorlagebogen in Originalgröße, kart. ●

Seidenmalerei Schmuckkarten und Miniaturbilder
(**5166**-2) Von I. Walter-Ammon, 32 S., 37 Farbfotos, 2 Zeichnungen, mit Vorlagebogen in Originalgröße, kart. ●

Akzente mit Perlen, Pailetten und Straß
Seidenmalerei
(**5248**-0) Von A. Keller, 32 S., ca. 50 Farbfotos, mit Vorlagebogen in Originalgröße, kart. ●

Seidenmalerei Bilder in Konturentechnik
(**5182**-4) Von I. Demharter, 32 S., 28 Farbfotos, 2 Zeichnungen, mit Vorlagebogen in Originalgröße, kart. ●

Seidenmalerei Applikationen
(**5224**-3) Von J. Bressau, 32 S., 50 Farbfotos, mit Vorlagebogen in Originalgröße, kart. ●

Das moderne Standardwerk
Perfekt Stricken
Mit Sonderteil Häkeln.
(**4250**-7) Von H. Jaacks, 256 S., 703 Farbfotos, 169 Farb- und 121 s/w-Zeichnungen, Pappband. ●●●●

Das moderne Standardwerk
Nähen
(**4709**-6) Von S. von Rudzinski, 176 S., vierfarbig, Pappband. ●●●

Hobby Patchwork und Quilten
(**0768**-X) Von B. Staub-Wachsmuth, 80 S., 108 Farbabb., 43 Zeichnungen, kart. ●●

Marionetten
selbst bauen und führen
(**1043**-5) Von D. Köhnen, 80 S., 150 Farbfotos, mit Schnittmusterbogen, kartoniert. ●●

Fingerpuppen
Bastelspaß mit Kindern ab 5 Jahren
(**5239**-1) Von B. Höfler, P. Simm, 32 S., ca. 50 Farbabb., mit Vorlagebogen in Originalgröße, kart. ●

Hampelmänner
Basteln mit Kindern ab 5 Jahren
(**5240**-5) Von F. Michalski, 32 S., ca. 50 Farbabb., mit Vorlagebogen in Originalgröße, kart. ●

Charakterpuppen
aus Cernit und Porzellan selbst gestalten
(**1156**-3) Von S. Becker, 64 S., 143 Farbfotos, 30 Zeichnungen, 13 Vignetten, mit Schnittmusterbogen, kartoniert. ●●

Puppen zum Liebhaben
(**5199**-9) Von B. Wehrle, 32 S., 27 Farbfotos, 9 s/w-Zeichnungen, mit Vorlagebogen in Originalgröße, kartoniert. ●

Teddybären
Sechs beliebte Modelle
(**5159**-X) Von Y. Thalheim, H. Nadolny, 32 S., 46 Farbfotos, 9 Zeichnungen, mit Vorlagebogen in Originalgröße, kart. ●

Heißgeliebte Teddybären
Selbermachen · Sammeln · Restaurieren.
(**0900**-3) Von H. Nadolny, Y. Thalheim, 80 S., 119 Farbfotos, 23 s/w-Zeichnungen, 14 S. Schnittmusterbogen, kart. ●●

Neue zauberhafte Salzteig-Ideen
(**0719**-1) Von I. Kiskalt, 80 S., 324 Farbfotos, 12 Zeichnungen, Schablonen, kart. ●●

Salzteig kinderleicht
(**0973**-9) Von I. Kiskalt, 80 S., 224 Farbfotos, 8 Zeichnungen, kart. ●●

Kreatives gestalten mit Ton
Töpfern ohne Scheibe – Aufbaukeramik
(**0896**-1) Von A. Riedinger, 80 S., 207 Farbfotos, 16 Zeichnungen, 7 Vignetten, kart. ●●

Kreatives Gestalten mit Ton
Töpfern auf der Scheibe
(**0971**-2) Von A. Riedinger, 80 S., 28 Farb- und 3 s/w-Zeichnungen, 178 Farbfotos, kartoniert. ●●

Edles Porzellan
(**4437**-2) Von M. Lutze, Prof. E. Lessing, 160 S., 175 Farbfotos, Leineneinband, mit Schutzumschlag, im Schuber. ●●●●●

Hobby Glaskunst in Tiffany-Technik
(**0781**-7) Von N. Köppel, 80 S., 194 Farbfotos, 6 s/w-Abb., kart. ●●

Tiffany-Lampen selbermachen
Arbeitsanleitung · Materialien · Modelle
(**0684**-5) Von I. Spliethoff, 32 S., 60 Farbfotos, 19 Zeichnungen, Pappband. ●

Fensterbilder in Tiffany-Technik
(**5168**-9) Von P. Matz, 32 S., 43 Farbfotos, mit Vorlagebogen in Originalgröße, kart. ●

Tiffany-Technik
und andere kunstvolle Arbeiten in Glas
(**0972**-0) Von D. Köhnen, 80 S., 176 Farbfotos, 5 s/w-Zeichnungen, kart. ●●

Modeschmuck selbst modellieren
(**5196**-4) Von K. Eichler, 32 S., 51 Farbfotos, mit Vorlagebogen in Originalgröße, kartoniert. ●

Effekt-Color
Phantasievolle Schmuck- und Deko-Ideen
(**5207**-3) Von A. Hahn, 32 S., 55 Farbfotos, mit Vorlagebogen in Originalgröße, kart. ●

Rocailles
Perlenschmuck
(**5209**-X) Von L. und E. Weiler, 32 S., 45 Farbfotos, 2 Zeichnungen, mit Vorlagebogen in Originalgröße, kart. ●

Perlenschmuck
(**5221**-9) Von H. Büderer, 32 S., 50 Farbfotos, mit Vorlagebogen in Originalgröße, kartoniert. ●

Exklusiver Modeschmuck
aus dem eigenen Atelier
(**0925**-9) Von J. Niemeier, J. Klein, 80 S., 141 Farbfotos, 25 Zeichnungen, kart. ●●

Masken
phantasievoll dekorieren
(**5155**-7) Von Chr. Familler, 32 S., 48 Farbfotos, mit Vorlagebogen in Originalgröße, kart. ●

Laubsägearbeiten für das Kinderzimmer
(**5245**-6) Von H.-P. Krafft, 32 S., ca. 50 Farbfotos, mit Vorlagebogen in Originalgröße, kart. ●

Schwingtiere aus Holz gestalten
(**5222**-7) Von der Arbeitsgem. Werken, 32 S., 50 Farbfotos, mit Vorlagebogen in Originalgröße, kartoniert. ●

Hobby Drachen
bauen und steigen lassen. (**0767**-1) Von W. Schimmelpfennig, 80 S., 1 dreiseitige Ausklapptafel, 55 Farbfotos, 139 Zeichnungen, kart. ●●

Lenkdrachen
bauen und fliegen
(**1011**-7) Von W. Schimmelpfennig, 64 S., 51 Farbfotos und 126 Zeichnungen, kartoniert. ●●

Drachen
Einfache Modelle für Kinder
(**5156**-5) Von W. Schimmelpfennig, 32 S., 11 Farbfotos, 31 Zeichnungen, mit Vorlagebogen, kart. ●

Das große farbige
Bastelbuch für Kinder
(**4254**-X) Von U. Barff, I. Burkhardt, J. Maier, 224 S., 157 Farbfotos, 430 Farb- und 60 s/w-Zeichnungen, mit Schnittmusterbogen, Pappband. ●●●

Hobby Origami
Papierfalten für groß und klein
(**0756**-6) Von Z. Aytüre-Scheele, 80 S., 820 Farbfotos, kart. ●●

Neue zauberhafte Origami-Ideen
Papierfalten für groß und klein
(**0805**-8) Von Z. Aytüre-Scheele, 80 S., 720 Farbfotos, kart. ●●

Zauberwelt Origami
Tierfiguren aus Papier
(**1045**-1) Von Z. Aytüre-Scheele, 80 S., 660 Farbfotos, kartoniert. ●●

Pergamano
Pergamentpapier filigran gestalten
(**5202**-2) Von J. Allmann, 32 S., 51 Farbfotos, 5 Zeichnungen, mit Vorlagebogen in Originalgröße, kart. ●

Kreatives Gestalten mit **Papiermaché**
(**5246**-4) Von B. Jetzek-Berkenhaus, 32 S., ca. 50 Farbfotos, mit Vorlagebogen in Originalgröße, kart. ●

Marmorieren
Muster · Techniken · Gestaltungsideen
(**5247**-2) Von T. Hartel, 32 S., ca. 50 Farbfotos, mit Vorlagebogen in Originalgröße, kart. ●

Heut basteln wir mit Pappe und Papier
(**4413**-5) Von U. Barff, J. Maier, 224 S., 117 Farbfotos, 480 Farbzeichn., 25 s/w-Abb., mit Schnittmusterbogen, Pappband. ●●●

Das große farbige Bastel- und Werkbuch
(**4439**-9) Von D. Rex, 256 S., 999 Farbfotos, 33 Farbzeichnungen, Pappband. ●●●●

Mein liebstes Spiel- und Bastelbuch
Die Welt der Dinosaurier
Tiere und Landschaften zum Selbermachen
Ausbrechen, aufstellen, spielen
(**4478**-X) Von B. Burkart, 8 Blatt mit herauslösbaren Motiven, 280-g-Karton mit Stanzung, 8 S. Bastelanleitung und Sachinformation. ●●

Mein liebstes Spiel- und Bastelbuch
Leben auf dem Bauernhof
Tiere und Motive zum Selbermachen
Ausbrechen, aufstellen, spielen
(**4479**-8) Von K. Lausche, 8 Blatt mit herauslösbaren Motiven, 280-g-Karton mit Stanzung, 8 S. Bastelanleitung und Sachinformation. ●●

Schritt für Schritt zum Scherenschnitt
Materialien · Techniken · Gestaltungsvorschläge. (**0732**-9) Von H. Klingmüller, 32 S., 38 Farbfotos, 34 Vorlagen, Pappband. ●

Fensterbilder in Scherenschnitt
(**5169**-7) Von A. Hahn, 32 S., 52 Farbfotos, 3 s/w-Fotos, mit Vorlagebogen in Originalgröße, kart. ●

Fensterbilder
Meine Lieblingstiere
(**5197**-2) Von Y. Thalheim, H. Nadolny, 32 S., 38 Farbfotos, mit Vorlagebogen in Originalgröße, kartoniert. ●

Fensterbilder Lustige Tiere
(**5210**-3) Von F. Michalski, 32 S., 47 Farbfotos, mit Vorlagebogen in Originalgröße, kart. ●

Die schönsten Fensterbilder
(**1066**-4) Von C. Kimmerle, 64 S., 100 Farbfotos, 7 Zeichnungen, kartoniert. ●●

Das Fensterbilder-Alphabet
Basteln mit Kindern ab 5 Jahren
(**5242**-1) Von E. Bohne, 32 S., ca. 50 Farbabb., mit Vorlagebogen in Originalgröße, kart. ●

Märchenhafte Fensterbilder
(**5185**-9) Von J. Maier, 32 S., 37 Farbfotos, mit Vorlagebogen in Originalgröße, kart. ●

Fensterbilder Blumen und Tiere
(**5186**-7) Von M. Twachtmann, 32 S., 41 Farbfotos, 3 Zeichnungen, mit Vorlagebogen in Originalgröße, kartoniert. ●

Fensterschmuck
Originelle Ideen für Dekorationen und Fensterbilder
(**1241**-1) Von D. Köhnen, 64 S., ca. 70 Farbfotos, Vorlagebogen, kart. ●●

Papierflieger
(**5157**-3) Von T. Gött, 32 S., 73 Farbfotos, 19 Zeichnungen, mit Vorlagebogen in Originalgröße, kart. ●

Windspielzeug
Bastelspaß mit Kindern ab 5 Jahren
(**5241**-3) Von D. Köhnen, 32 S., ca. 50 Farbabb., mit Vorlagebogen in Originalgröße, kart. ●

Laternen und Lampions
(**5206**-5) Von C. Hüfner, 32 S., 60 Farbfotos, mit Vorlagebogen in Originalgröße, kart. ●

Mobiles aus Papier
(**5183**-2) Von J. Maier, 32 S., 17 Farbfotos, 35 Farbzeichnungen, mit Vorlagebogen in Originalgröße, kartoniert. ●

Schachteln basteln und dekorieren
(**5170**-0) Von Chr. Adjano, 32 S., 55 Farbfotos, mit Vorlagebogen in Originalgröße, kart. ●

Die große Schachtelparade
(**4438**-0) Von Present Team, 16 vierfarbige Bogen, 250-g-Karton mit Schachtelstanzung mit 4 S. Einleitung. ●●●

Deco Art
Die Kunst, Geschenke zu verpacken
(**0949**-6) Von B. Niermann, 80 S., 78 Farbfotos, 191 Zeichnungen, kart. ●●

Geschenke wunderschön verpacken
(**1113**-X) Von P. Jansen, 80 S., 79 Farbfotos, 166 Farbzeichnungen, kart. ●●

Geschenke umweltfreundlich verpacken
(**1240**-3) Von P. Jansen, 64 S., vierfarbige Fotos und Illustrationen, kart. ●●

Geldgeschenke · Gutscheine · Geschenkanhänger
originell gestalten und verpacken
(**1115**-6) Von S. Haenitsch-Weiß, A. Weiß, 80 S., 176 Farbfotos, kart. ●●

Geschenke verpacken für Kinderfeste
(**5195**-6) Von C. Netolitzky, 32 S., 43 Farbfotos, mit Vorlagebogen in Originalgröße, kartoniert. ●

Bunte Dekorationen für den Kindergeburtstag
Mit Spielanleitung zum Fest der Tiere
(**4471**-2) Von S. Haenitsch-Weiß, A. Weiß, 8 vierfarbige Bogen 280-g-Karton mit Stanzung + 16 S. zweifarbige Ein/Anleitung. ●●

Originelles Ambiente für Gäste
Festdekorationen
(**1049**-4) Von B. Niermann, 80 S., 125 Farbfotos, 59 Farbzeichn., kartoniert. ●●

Dekorative Schleifen
aus Bändern und Papier
(**5205**-7) Von M. Schorege, 32 S., 28 Farbfotos, 31 Farbzeichnungen, mit Vorlagebogen in Originalgröße, kart. ●●

Dekorieren und Arrangieren mit
Seidenblumen
(**5200**-6) Von M. L. Sprang, 32 S., 37 Farbfotos, 14 Farbzeichnungen, mit Vorlagebogen in Originalgröße, kartoniert. ●

Glückwunschkarten
(**5179**-4) Von A. Kolb, B. Michel, 32 S., 54 Farbfotos, mit Vorlagebogen in Originalgröße, kartoniert. ●

Schmuck- und Glückwunschkarten
Papierarchitektur · Collagen · Faltschnittkarten
(**1114**-8) Von C. Sanladerer, 64 S., 55 Farbfotos, 31 Zeichnungen, kart. ●●

Ostereier originell dekorieren
(**5219**-7) Von W. Velte, 32 S., 44 Farbfotos, mit Vorlagebogen in Originalgröße, kartoniert. ●

Dekorationen für Ostern
(**5198**-0) Von Y. Thalheim, H. Nadolny, 32 S., 48 Farbfotos, mit Vorlagebogen in Originalgröße, kartoniert. ●

Fensterbilder für die Osterzeit
(**5244**-8) Von R. Lübke, D. Lübke, 32 S., ca. 50 Farbfotos, mit Vorlagebogen in Originalgröße, kart. ●

Basteln für Ostern
(**5164**-6) Von Chr. Adjano, 32 S., 47 Farbfotos, mit Vorlagebogen in Originalgröße, kartoniert. ●

Ostereier
Basteln mit Kindern ab 5 Jahren
(**5243**-X) Von Vera Ettelt, 32 S., mit Spielebogen, kart. ●

Tischdekorationen für Ostern
(**5220**-0) Von Chr. Adjano, 32 S., 49 Farbfotos, mit Vorlagebogen in Originalgröße, kartoniert. ●

Weihnachtsgeschenke schön verpacken
Schachteln · Dekorationen · Geschenkpapiere
(**4469**-0) Von Present Team, 10 vierfarbige Bogen 250-g-Karton mit Stanzung, 4 Bogen Geschenkpapier + 4 S. Einleitung. ●●●

Basteln und dekorieren für
Advent und Weihnachten
(**4446**-1) Von G. Teusen, C. Netolitzky, 176 S., 285 Farbfotos, mit Bastelvorlagebogen, Pappband. ●●●

Basteln für Weihnachten
(**5162**-X) Von Chr. Adjano, 32 S., 44 Farbfotos, mit Vorlagebogen in Originalgröße, kartoniert. ●

Fensterdekorationen für die Weihnachtszeit
(**5181**-6) Von Y. Thalheim, H. Nadolny, 32 S., 33 Farbfotos, mit Vorlagebogen in Originalgröße, kartoniert. ●

Fensterbilder für Advent und Weihnachten
(**5211**-1) Von M. Schorege, 32 S., 24 Farbfotos, 15 Zeichnungen, mit Vorlagebogen in Originalgröße, kartoniert. ●

Adventskränze und weihnachtliche Gestecke
(**5203**-0) Von Y. Thalheim, H. Nadolny, 32 S., 43 Farbfotos, mit Vorlagebogen in Originalgröße, kartoniert. ●

Adventskalender
(**5178**-6) Von Y. Thalheim, H. Nadolny, 32 S., 35 Farbfotos, mit Vorlagebogen in Originalgröße, kartoniert. ●

Weihnachtsbasteleien
Advents- und Weihnachtsschmuck für groß und klein
(**0667**-5) Von M. Kühnle und S. Beck, 32 S., 56 Farbfotos, 6 Zeichnungen, Pappband. ●

Duftsträuße und Potpourris
(**1239**-X) Von A. Effelsberg, 80 S., ca. 200 vierfarbige Abb., kart. ●●

Trockenblumenideen
Gewürzsträuße, Gestecke, Kränze, Buketts
(**0643**-8) Von R. Strobel-Schulze, 88 S., 170 Farbfotos, kartoniert. ●●

Neue zauberhafte Trockenblumen-Ideen
(**0821**-X) Von R. Strobel-Schulze, 80 S., 163 Farbfotos, kart. ●●

Phantasievolles Schminken
Verzauberte Gesichter für Maskeraden, Laienspiele und Kinderfeste
(**0907**-0) Hrsg.: H. u. Y. Nadolny, 64 S., 227 Farbfotos, kartoniert. ●●

Schminken für Kinder
(**5177**-8) Von Y. Thalheim, H. Nadolny, 32 S., 68 Farbfotos, mit Vorlagebogen in Originalgröße, kartoniert. ●

Moderne Fotopraxis
(**4401**-1) Von G. Koshofer, Prof. H. Wedewardt, 224 S., 363 Farbfotos, 106 s/w-Fotos, 5 Farb- und 24 s/w-Zeichnungen, Pappband. ●●●●

Mach dir ein Bild
Praxistips für Foto, Film und Video
(**4410**-0) Von G. Staab, 208 S., 202 Farbfotos, 175 s/w-Fotos, 1 Zeichnung, Pappband. ●●●

So macht man bessere Fotos
(**1158**-X) Von G. Koshofer, 144 S., 259 Farbfotos, 25 s/w-Fotos, kartoniert. ●●

Videografieren
Filmen mit Video 8. Technik – Bildgestaltung – Schnitt – Vertonung.
(**0843**-0) Von M. Wild, K. Möller, 120 S., 101 Farbfotos, 22 s/w-Fotos, 52 Zeichnungen, kart. ●●●

Videografieren perfekt
Profitricks für Aufnahmetechnik und Nachbearbeitung
(**0969**-0) Von W. Schild, 120 S., 144 Farbabb., 5 s/w-Zeichnungen, kart. ●●●

Do it yourself und Technik

Do it yourself
Heimwerken
(**4117**-9) Von T. Pochert, 456 S., 1103 Farbfotos, 100 Farbabb., Pappband. ●●●●

Do it yourself
Dachgeschoß- und Innenausbau
(**1243**-8) Von C. von Mallinckrodt, ca. 96 S., zahlreiche viefarbige Fotos und Zeichnungen, kart. ●●

Do it yourself
Kleinmöbel aus Holz
(**0905**-4) Von O. Maier, 128 S., 210 Farbfotos, 80 Zeichnungen, kart. ●●

Do it yourself
Sanitärinstallationen
(**1118**-0) Von W. Kawlath, 96 S., 214 Farbabbildungen, kartoniert. ●●

Do it yourself
Metall bearbeiten
(**1119**-9) Von O. Maier, 96 S., 230 Farbfotos, 6 s/w-Zeichnungen, kartoniert. ●●

Do it yourself
Elektroarbeiten
(**0975**-5) Von K. H. Schubert, 120 S., 193 Farbfotos, 40 Zeichnungen, kartoniert. ●●

Do it yourself
Fahrrad-Reparaturen
(**0796**-5) Von R. van der Plas, 112 S., 140 Farbfotos, 113 farbige Zeichnungen, kartoniert. ●●

Möbel
aufarbeiten, reparieren, pflegen
(**0386**-2) Von E. Schnaus-Lorey, 96 S., 28 Fotos, 101 Zeichnungen, kartoniert. ●

Restaurieren von Möbeln
Stilkunde, Materialien, Techniken, Arbeitsanleitungen in Bildfolgen.
(**4120**-9) Von E. Schnaus-Lorey, 152 S., 37 Farbfotos, 75 s/w-Fotos, 352 Zeichnungen, Pappband. ●●●●

FALKEN-Heimwerker-Praxis
Mofa- und Mopedreparaturen
(**1008**-7) Von T. Kohlmey, 128 S., 280 Farbabbildg. und Zeichnungen, kartoniert. ●●

Elektronik als Hobby
Von der Grundlagenschaltung zum integrierten Schaltkreis
Mit 8 wichtigen Universalplatinen
(**4293**-0) Von W. Priesterath, 264 S., 80 s/w-Fotos, 128 Zeichnungen, Pappband. ●●●●

Anlagenbau in Modultechnik
für Modelleisenbahnen und Dioramen
(**0845**-7) Von J. Thal, 104 S., 68 Farbfotos, 28 Zeichnungen, kartoniert. ●●●

Kleine Welt auf Rädern
Das faszinierende Spiel mit **Modelleisenbahnen** (**4175**-6) Von F. Eisen, 256 S., 72 Farb- und 180 s/w-Fotos, 25 Zeichnungen, Pappband. ●●●

Die Super-Sportwagen der Welt
(**4423**-2) Von H. G. Isenberg, 194 S., 184 Farbfotos, 4 farbige Ausklapptafeln, 32 s/w-Fotos, Pappband. ●●●●

Die Super-Oldtimer der Welt
(**4465**-8) Von H. G. Isenberg, 194 S., 161 Farb- und 36 s/w-Fotos, 4 Ausklapptafeln, Pappband. ●●●●

Die Super-Trucks der Welt
(**4257**-4) Von H. G. Isenberg, 194 S., 205 Farbfotos, 87 s/w-Fotos, 7 Farbzeichnungen, 4 farb. Ausklapptafeln, Pappband. ●●●●

Die Super-Motorräder der Welt
(**4193**-4) Von H. G. Isenberg, 192 S., 170 Farb- und 100 s/w-Fotos, 8 Zeichnungen, Pappband. ●●●●

Die Super-Eisenbahnen der Welt
(**4287**-6) Von W. Kosak, H. G. Isenberg, 224 S., 269 Farbfotos, 79 s/w-Fotos, 8 Vignetten, 5 farb. Ausklapptafeln, Pappband. ●●●●

Die Super-Dampfloks der Welt
(**4480**-1) Von H. Faust, H. G. Isenberg, 194 S., 193 Farbfotos, mit vier Ausklapptafeln, Pappband. ●●●●

Plastikmodellbau
Autos, Schiffe, Flugzeuge in vollendeter Technik.
(**1116**-4) Von W. Kawlath, 96 S., 272 Farbabbildungen, kartoniert. ●●

Sport und Fitneß

Olympia '92
Barcelona, Albertville
(**4713**-4) Von H. Faßbender, ca. 272 S., durchgehend vierfarbig, Pappband. ●●●●

Neue Lehrmethoden der Judo-Praxis
(**0424**-9) Von P. Herrmann, 223 S., 475 Abb., kartoniert. ●●

Judo perfekt 1
(**1249**-7) Von K. Fuchs, 128 S., kart. ●●

Fit mit Judo
(**2319**-7) Von K. Fuchs, 112 S., 193 Farbfotos, kartoniert. ●●

Fußwürfe
für Judo, Karate und Selbstverteidigung.
(**0439**-7) Von H. Nishioka, übers. von H. J. Heese, 96 S., 260 Abb., kart. ●●

Modernes Karate
Das große Standardwerk mit 2279 Abbildungen.
(**4280**-9) Von T. Okazaki, Dr. med. M. V. Stricevic, übers. von M. Pabst, 376 S., 2279 s/w-Abb., Pappband. ●●●●●

Nakayamas Karate perfekt 1
Einführung.
(**0487**-7) Von M. Nakayama, 136 S., 605 s/w-Fotos, kart. ●●

Nakayamas Karate perfekt 2
Grundtechniken.
(**0512**-1) Von M. Nakayama, 136 S., 354 s/w-Fotos, 53 Zeichnungen, kart. ●●

Nakayamas Karate perfekt 3
Kumite 1: Kampfübungen.
(**0538**-5) Von M. Nakayama, 128 S., 424 s/w-Fotos, kart. ●●

Nakayamas Karate perfekt 4
Kumite 2: Kampfübungen.
(**0547**-4) Von M. Nakayama, 128 S., 394 s/w-Fotos, kart. ●●

Nakayamas Karate perfekt 5
Kata 1: Heian, Tekki.
(**0571**-7) Von M. Nakayama, 144 S., 1229 s/w-Fotos, kart. ●●

Nakayamas Karate perfekt 6
Kata 2: Bassai-Dai, Kanku-Dai.
(**0600**-4) Von M. Nakayama, 144 S., 1300 s/w-Fotos, 107 Zeichnungen, kart. ●●

Nakayamas Karate perfekt 7
Kata 3: Jitte, Hangetsu, Empi.
(**0618**-7) Von M. Nakayama, 144 S., 1988 s/w-Fotos, 105 Zeichnungen, kart. ●●

Nakayamas Karate perfekt 8
Gankaku, Jion.
(**0650**-0) Von M. Nakayama, 144 S., 1174 s/w-Fotos, 99 Zeichnungen, kart. ●●

Fit mit Karate
(**2308**-1) Von A. Pflüger, 96 S., 134 Farbfotos, 4 s/w-Zeichnungen, kart. ●●

25 Shotokan-Katas
Auf einen Blick: Karate-Katas für Prüfungen und Wettkämpfe.
(**0859**-7) Von A. Pflüger, 88 S., 185 s/w-Abb., 24 ganzseitige Tafeln mit über 1.600 Einzelschritten, kart. ●●

Bo-Karate
Habo-Jitsu – die Techniken des Stockkampfes.
(**0447**-8) Von G. Stiebler, 176 S., 424 s/w-Fotos, 38 Zeichnungen, kart. ●●

Karate 1
Einführung · Grundtechniken.
(**0227**-0) Von A. Pflüger, 144 S., 195 s/w-Fotos, 120 Zeichnungen, kart. ●

Karate 2
Kombinationstechniken · Katas.
(**0239**-4) Von A. Pflüger, 176 S., 452 s/w-Fotos und Zeichnungen, kart. ●

Karate Kata 1
Heian 1–5, Tekki 1, Bassai-Dai.
(**0683**-7) Von W.-D. Wichmann, 164 S., 703 s/w-Fotos, kart. ●●

Karate Kata 2
Jion, Empi, Kanku-Dai, Hangetsu.
(**0723**-X) Von W.-D. Wichmann, 140 S., 661 s/w-Fotos, 4 Zeichnungen, kart. ●●

Karate Kata 3
Bassai Sho, Kanku Sho, Nijushiho, Sochin.
(**1120**-2) Von W.-D. Wichmann, 144 S., 598 s/w-Fotos, 4 Grafiken, kart. ●●

Der König des Kung Fu
Bruce Lee
Sein Leben und Kampf
Von seiner Frau Linda
(**0392**-7) Von Linda Lee, 136 S., 104 s/w-Fotos, kartoniert. ●●

Bruce Lees Kampfstil 1
Grundtechniken
(**0473**-7) Von B. Lee, M. Uyehara, 109 S., 220 Abb., kart. ●

Bruce Lees Kampfstil 2
Selbstverteidigungs-Techniken
(**0486**-9) Von B. Lee, M. Uyehara, 128 S., 310 Abb., kart. ●

Bruce Lees Kampfstil 3
Trainingslehre
(**0503**-2) Von B. Lee, M. Uyehara, 112 S., 246 Abb., kart. ●

Bruce Lees Kampfstil 4
Kampftechniken
(**0532**-7) Von B. Lee, M. Uyehara, 104 S., 211 Abb., kart. ●

Kung-Fu 1
Legende · Philosophie · Grundtechniken
(**0891**-0) Von Chr. Yim, 152 S., 401 s/w-Fotos, 2 s/w-Zeichnungen, kart. ●●

Kung-Fu und Thai-Chi
Grundlagen und Bewegungsabläufe
(**0367**-6) Von B. Tegner, 182 S., 370 s/w-Fotos, kart. ●●

Kung Fu
Theorie und Praxis klassischer und moderner Stile
(**0376**-5) Von M. Pabst, 160 S., 330 Abbildungen, kartoniert. ●●

Bruce Lees Jeet Kune Do
(**0440**-0) Von B. Lee, 192 S., mit 105 eigenhändigen Zeichnungen von B. Lee, kart. ●●●

Shaolin-Kempo – Kung-Fu
Chinesisches Karate im Drachenstil.
(**0395**-1) Von R. Czerni, K. Konrad, 246 S., 723 Abb., kart. ●●

Kickboxen
Fitneßtraining und Wettkampfsport.
(**0795**-7) Von G. Lemmens, 96 S., 208 s/w-Fotos, 23 Zeichnungen, kart. ●●

Ninja 1
Die Lehre der Schattenkämpfer.
(**0758**-2) Von S. K. Hayes, übers. von J. Schmit, 144 S., 137 s/w-Fotos, kart. ●●

Ninja 2
Die Wege zum Shoshin.
(**0763**-9) Von S. K. Hayes, übers. von J. Schmit, 160 S., 309 s/w-Fotos, 2 Zeichnungen, kart. ●●

Ninja 3
Der Pfad des Togakure-Kämpfers.
(**0764**-7) Von S. K. Hayes, übers. von J. Schmit, 144 S., 197 s/w-Fotos, 2 Zeichnungen, kart. ●●

Ninja 4
Das Vermächtnis der Schattenkämpfer.
(**0807**-4) Von S. K. Hayes, übers. von J. Schmit, 196 S., 466 s/w-Fotos, kart. ●●

Taekwondo perfekt 1
Die Formenschule bis zum Blaugurt.
(**0890**-2) Von K. Gil, Kim Chul-Hwan, 176 S., 439 s/w-Fotos, 107 Zeichnungen, kart. ●●

Taekwondo perfekt 2
Die Formenschule vom Blau- bis zum Schwarzgurt.
(**0976**-3) Von K. Gil, K. Chul-Hwan, 192 S., 461 s/w-Fotos, 112 Zeichnungen, kart. ●●

Taekwondo perfekt 3
(**1068**-0) Von K. Gil, K. Chul-Hwan, 200 S., 429 s/w-Fotos, kartoniert. ●●

Taekwondo perfekt 4
(**1250**-0) Von K. Gil, 160 S., zahlreiche s/w-Fotos und Schrittdiagramme, 17 Übungstafeln zum Herausnehmen, kart. ●●●

Taekwondo
Koreanischer Kampfsport
(**0347**-1) Von K. Gil, 152 S., 408 Abbildungen, kartoniert. ●●●

Ju-Jutsu als Wettkampf
(**0826**-0) Von G. Kulot, 168 S., 418 s/w-Fotos, 2 Zeichnungen, kart. ●●

Ju-Jutsu 1
Grundtechniken · Moderne Selbstverteidigung.
(**0276**-9) Von W. Heim, F. J. Gresch, 164 S., 450 s/w-Fotos, 8 Zeichn., kart. ●

Ju-Jutsu 2
für Fortgeschrittene und Meister.
(**0378**-1) Von W. Heim, F. J. Gresch, 160 S., 798 s/w-Fotos, kart. ●●

Ju-Jutsu 3
Spezial-, Gegen- und Weiterführungs-Techniken · Stockkampfkunst.
(**0485**-0) Von W. Heim, F. J. Gresch, 200 S., über 600 s/w-Fotos, kart. ●●

Aikido
Lehren und Techniken des harmonischen Weges.
(**0537**-7) Von R. Brand, 280 S., 697 Abb., kart. ●●

Hap Ki Do
Koreanische Selbstverteidigung nach dem Lehrsystem des Großmeisters.
(**0379**-X) Von Kim Sou Bong, 112 S., 152 Abb., kart. ●●

Dynamische Tritte
Grundlagen für den Zweikampf.
(**0438**-9) Von C. Lee, 96 S., 398 s/w-Fotos, 10 Zeichnungen, kart. ●●

Super-Tritte
(**1248**-9) Von W. Wallace, 136 S., kart. ●●

Selbstverteidigung
Abwehrtechniken für Sie und Ihn.
(**0853**-8) Von E. Deser, 96 S., 259 s/w-Fotos, kart. ●

Die Faszination athletischer Körper
Bodybuilding
mit Weltmeister Ralf Möller.
(**4281**-7) Von R. Möller, 128 S., 169 Farbfotos, 14 s/w-Fotos, 1 Farbzeichnung, Pappband. ●●●●

Ladyfitneß
Das neue Körperbewußtsein der Frau
Bodyshaping · Körperpflege · Ernährung · Entspannung
(**4433**-X) Von Prof. Dr. S. Starischka, B. Grabis, D. von Cramm, G. W. Kienitz, 128 S., 227 Farbfotos, Pappband. ●●●

Bodybuilding für Frauen
Wege zu Ihrer Idealfigur
(**0661**-6) Von H. Schulz, 112 S., 84 s/w-Fotos, 4 Zeichnungen, kart. ●

Fit mit Bodybuilding
(**2314**-6) Von L. Spitz, 112 S., 203 Farbabbildungen, 10 Tabellen. ●●

Bodybuilding
Anleitung zum Muskel- und Konditionstraining für sie und ihn
(**0604**-7) Von R. Smolana, 160 S., 171 s/w-Fotos, kartoniert. ●●

Leistungsfähiger durch Krafttraining
Eine Anleitung für Fitness-Sportler, Trainer und Athleten.
(**0617**-9) Von W. Kieser, 96 S., 20 s/w-Fotos, 62 Zeichnungen, kart. ●

Hanteltraining zu Hause
(**0800**-7) Von W. Kieser, 80 S., 71 s/w-Fotos, 4 Zeichnungen, kartoniert. ●

Fit und gesund
Fitneßtraining und Bodybuilding zu Hause. Trainingsprogramme für Ihr Wohlbefinden.
(**0782**-5) Von Prof. Dr. S. Starischka, 80 S., 100 Farbfotos, 3 Zeichnungen, kart. ●●

Optimale Ernährung
für Krafttraining und Bodybuilding.
(**0912**-7) Von B. Dahmen, 88 S., 8 Farbtafeln, 8 Zeichnungen, kart. ●

Fit mit Bio-Training
für Kraft, Ausdauer und Schnelligkeit.
(**2310**-3) Von L. Spitz, 112 S., 197 Farbfotos, 11 Farb- und 4 s/w-Zeichnungen, kart. ●●

Fitneßtraining
Empfohlen vom Deutschen Sportbund
(**1245**-4) Von Marianne Schreiber, ca. 40 S., Spiralbindung mit Ausklapptafeln. ●●

Wirbelsäulengymnastik
Empfohlen vom Deutschen Sportbund
(**1246**-2) Von L. Keller, ca. 40 S., Spiralbindung mit Ausklapptafeln. ●●

Stretching
Empfohlen vom Deutschen Sportbund
(**1247**-0) Von A. Balk, ca. 40 S., Spiralbindung mit Ausklapptafeln. ●●

Gesund und fit durch **Konditionstraining und Wirbelsäulengymnastik**
(**0844**-9) Von R. Milser und K. Grafe, 104 S., 99 Farbfotos, 12 Farbzeichnungen, 5 s/w-Zeichnungen, kart. ●●

Fit mit Tai Chi
als sanfte Körpererfahrung
(**2305**-7) Von B. u. K. Moegling, 112 S., 121 Farbfotos, 6 Farb- u. 4 s/w-Zeichnungen, kart. ●●

Isometrisches Training
Übungen für Muskelkraft und Entspannung.
(**0529**-6) Von L. M. Kirsch, 104 S., 150 s/w-Fotos, kart. ●●

Stretching
Mit Dehnungsgymnastik zu Entspannung, Geschmeidigkeit und Wohlbefinden.
(**0717**-5) Von H. Schulz, 80 S., 90 s/w-Fotos, kart. ●

Fit mit Stretching
(**2304**-9) Von B. Kurz, 96 S., 255 Farbfotos, kart. ●●

Gesund und fit durch Gymnastik
(**0366**-8) Von H. Pilss-Samek, 88 S., 130 Abb., kart. ●

Fit und frisch
Gymnastik für die ganze Familie
(**6501**-9) Von G. Sieber, 104 S., 306 Farbfotos, 5 Farbzeichnungen, kart., mit Audiokassette, Laufzeit 30 Min. ●●●

Fit mit Laufen
(**2315**-4) Von W. Sonntag, 96 S., 60 Farbfotos, 8 Farbzeichnungen, kart. ●●

Spaß am Laufen
Jogging für die Gesundheit
(**0470**-2) Von W. Sonntag, 140 S., 41 s/w-Fotos, 1 Zeichnung, kartoniert. ●

Freeclimbing
Technik und Training
(**1251**-9) Von T. Strobl, 144 S., durchgehend vierfarbig, kart. ●●●

Skateboard
Material · Technik · Fahrpraxis
(**1104**-0) Von F. Böhm, M. Rieger, 96 S., 321 Farbabbildungen, kartoniert. ●●●

Fit mit Sportschießen
(**2312**-X) Von H. Gabelmann, 96 S., 44 Farbabbildungen, 3 s/w-Fotos, 19 s/w-Zeichnungen, kart. ●●

Fechten
Florett · Degen · Säbel.
(**0449**-4) Von E. Beck, 88 S., 185 Fotos, 10 Zeichnungen, kart. ●●

Fit mit Sportabzeichen
(**2307**-3) Von G. Hennige, 104 S., 107 Farbfotos, kart. ●●

Volleyball
Technik · Taktik · Regeln.
(**0351**-X) Von H. Huhle, 104 S., 330 Abb., kart. ●

Fit mit Volleyball
(**2302**-2) Von Dr. A. Scherer, 104 S., 27 Farb- und 1 s/w-Foto, 12 Farb- und 29 s/w-Zeichnungen, kart. ●●

Fit mit Fußball
(**2309**-X) Von H. Obermann, P. Walz, 112 S., 47 Farbfotos, 18 Farb- und 25 s/w-Zeichnungen, kart. ●●

Sepp Maier
Super-Torwart-Training
(**4451**-8) Von S. Maier, 168 S., 30 Farb- und 34 s/w-Fotos, 236 zweifarbige Zeichnungen, Pappband. ●●●

SportRegeln Fußball
Die offiziellen Regeln
Wissenswertes von A bis Z
(**1096**-6) 104 S., 36 s/w-Fotos, 27 Zeichnungen, kart. ●

Handball
Technik · Taktik · Regeln.
(**0426**-5) Von F. und P. Hattig, 128 S., 91 s/w-Fotos, 121 Zeichnungen, kart. ●●

Handball
Grundlagen für Training und Spiel
(**2321**-9) Von H.-P. Oppermann, 120 S., 39 Farbtafeln, 12 s/w-Fotos, 108 Farbzeichnungen, kartoniert. ●●

SportRegeln Handball
Die offiziellen Regeln
Wissenswertes von A bis Z
(**1099**-6) 88 S., 32 s/w-Fotos, 14 Zeichnungen, kart. ●

SportRegeln Rugby
Die offiziellen Regeln
Wissenswertes von A bis Z
(**1216**-0) 96 S., zahlreiche zweifarbige Abb., kart. ●

Tennis
Technik · Taktik · Regeln.
(**0375**-7) Von W. u. S. Taferner, 112 S., 81 Abb., kart. ●

SportRegeln Tennis
Die offiziellen Regeln
Wissenswertes von A bis Z
(**1097**-4) 88 S., 24 s/w-Fotos, 6 Zeichnungen, kart. ●

Tischtennis-Technik
Der individuelle Weg zu erfolgreichem Spiel.
(**0775**-2) Von M. Perger, 144 S., 296 Abb., kart. ●●

SportRegeln Tischtennis
Die offiziellen Regeln
Wissenswertes von A bis Z (**1252**-7) 96 S., zahlreiche zweifarbige Abb., kart. ●

Badminton
Technik · Taktik · Training.
(**0699**-3) Von K. Fuchs, L. Sologub, 168 S., 51 Abb., kart. ●●

Fit mit Squash
(**2311**-1) Von P. Langhammer, R. Michna, 96 S., 86 Farbfotos, 13 Farbzeichn., kart. ●●

Squash
Ausrüstung · Technik · Regeln
(**0539**-3) Von D. von Horn, H.-D. Stünitz, 96 S., 55 s/w-Fotos, 25 Zeichnungen, kart. ●

SportRegeln Squash
Die offiziellen Regeln
Wissenswertes von A bis Z
(**1100**-8) 64 S., 11 s/w-Fotos, 23 Zeichnungen, kart. ●

Golf
Ausrüstung und Technik.
(**0343**-9) Von J. C. Jessop, übersetzt von H. Biemer, mit einem Vorwort von H. Krings, Präsident des Deutschen Golf-Verbandes, 96 S., 57 Abb., Anhang Golfregeln des DGV, kart. ●

Eishockey
Lauf- und Stocktechnik, Körperspiel, Taktik, Ausrüstung und Regeln.
(**0414**-1) Von J. Capla, 264 S., 548 s/w-Fotos, 163 Zeichnungen, kart. ●●●

Grundlagen für Training und Spiel
Pool-Billard
(**2318**-9) Von B. Pejcic, R. Meyer, 96 S., durchgehend vierfarbig, kart. ●●

Pool-Billard
(**0484**-2) Herausgegeben vom Deutschen Pool-Billard-Bund. Von M.Bach, K.-W. Kühn, 104 S., 64 Abb., kart. ●

Reiten
(**2322**-7) Von T. Eckholt, 128 S., durchgehend vierfarbig, kart. ●●

Tanzstunde
Das Welttanzprogramm leicht gelernt
(**4409**-2) Von G. Hädrich, 164 S., 489 s/w-Fotos, 63 Zeichnungen, Pappband. ●●●

Tanzen
(**2303**-0) Von K. Richter, H. Kleinow, 96 S., 102 Farbfotos, kart. ●●

Wir lernen Tanzen
(**0200**-9) Von E. Fern, 152 S., 119 s/w-Fotos, 47 Zeichnungen, kartoniert. ●●

Dancing
Moderne Discotänze: mit Mambo und Salsa
(**0977**-1) Von B. und F. Weber, 96 S., 207 s/w-Fotos, kart. ●●

Anmutig und fit durch
Bauchtanz
(**0911**-9) Von Marta, 120 S., 229 Farbfotos, 6 s/w-Zeichnungen, kart. ●●●

Sporttauchen
Theorie und Praxis des Gerätetauchens
(**0647**-0) Von S. Müßig, 144 S., 8 Farbtafeln, 35 s/w-Fotos, 89 Zeichnungen, kart. ●●

Fit mit Sporttauchen
(**2320**-0) Von Dr. F. Naglschmid, 112 S., 71 Farbfotos, 21 Zeichnungen, kart. ●●

Angelfischerei von Aal bis Zander
Fische · Geräte · Technik.
(**0324**-2) Von H. Oppel, 72 S., 16 Farbtafeln, 49 s/w-Abb., kart. ●●

Angeln
Kleine Fibel für den Sportfischer.
(**0198**-3) Von E. Bondick, 80 S., 4 Farbtafeln, 116 Abb., kart. ●

Fit mit Surfen
(**2317**-3) Von H. Mönster, K.-H. Eden, B. Bohr, 104 S., 110 Farbfotos, 23 s/w-Zeichnungen, kartoniert. ●●

TELESKI
Skigymnastik perfekt
(**1037**-0) Von M. Vorderwülbecke, G. Kern, 120 S., 220 Farbfotos, 16 farbige Grafiken, 19 Farbzeichnungen, kartoniert. ●●

Fibel für Kegelfreunde
Sport- und Freizeitkegeln · Bowling
(**0191**-6) Von G. Bocsai, 72 S., 62 Abb., kart. ●

Fit mit Kegeln
(**2301**-4) Von G. Gromann, 96 S., 51 Farbfotos, 50 Farb- und 4 s/w-Zeichnungen, kart. ●●

111spannende Kegelspiele
(**2031**-7) Von H. Regulski, 80 S., 53 Zeichnungen, kart. ●

Beliebte und neue
Kegelspiele
(**0271**-8) Von H. Regulski, 92 S., 62 Abbildungen, kartoniert. ●

Schach

Einführung in das Schachspiel
(**0104**-5) Von W. Wollenschläger und K. Colditz, 112 S., 116 Diagramme, kart. ●

Schach, das königliche Spiel
Von den Grundzügen zum strategischen Spiel.
(**1105**-9) Von T. Schuster, 192 S., 302 Diagramme, kart. ●●

Spielend Schach lernen
(**2002**-3) Von T. Schuster, 96 S., , kartoniert. ●

Kinder- und Jugendschach
Offizielles Lehrbuch des Deutschen Schachbundes zur Erringung der Bauern-, Turm- und Königsdiplome.
(**0561**-X) Von B. J. Withuis, H. Pfleger, 144 S., 220 Zeichnungen und Diagramme, kart. ●●

Zug um Zug
Schach für jedermann 1
Offizielles Lehrbuch des Deutschen Schachbundes zur Erringung des Bauerndiploms.
(**0648**-9) Von H. Pfleger, E. Kurz, 80 S., 24 s/w-Fotos, 8 Zeichn., 60 Diagramme, kart. ●

Zug um Zug
Schach für jedermann 2
Offizielles Lehrbuch des Deutschen Schachbundes zur Erringung des Turmdiploms.
(**0659**-4) Von H. Pfleger, E. Kurz, 128 S., 7 s/w-Fotos, 13 Zeichnungen, 78 Diagramme, kart. ●

Zug um Zug
Schach für jedermann 3
Offizielles Lehrbuch des Deutschen Schachbundes zur Erringung des Königsdiploms.
(**0728**-0) Von H. Pfleger, G. Treppner, 128 S., 4 s/w-Fotos, 84 Diagramme, 10 Zeichnungen, kart. ●●

Schach für Fortgeschrittene
Taktik und Probleme des Schachspiels
(**0219**-X) Von R. Teschner, 88 S., 85 Diagramme, kart. ●

Neue Schacheröffnungen
(**0478**-8) Von T. Schuster, 104 S., 100 Diagramme, kart. ●

Mensch und Gesundheit

Der moderne Ratgeber
Wir werden Eltern
Schwangerschaft · Geburt · Erziehung des Kleinkindes.
(**4269**-8) Von B. Nees-Delaval, 376 S., 335 2-farbige Abb., Pappband. ●●●●

Ich bekomme ein Kind
Wegweiser für Schwangerschaft und Geburt
(**1254**-3) Von B. Nees-Delaval, 144 S., durchgehend zweifarbig, kart. ●●

Wenn der Mensch zum Vater wird
Ein heiter-besinnlicher Ratgeber
(**4259**-0) Von D. Zimmer, 160 S., 20 Zeichnungen, Pappband. ●●●

Vorbereitung auf die Geburt und
Schwangerschaftsgymnastik
Atmung, Rückbildungsgymnastik,
(**0251**-3) Von S. Buchholz, 112 S., 98 s/w-Fotos, kartoniert. ●

Die Kunst des Stillens
nach neuesten Erkenntnissen (**0701**-9) Von Prof. Dr. med. E. Schmidt, S. Brunn, 112 S., 20 Fotos und Zeichnungen, kart. ●

Das Babybuch
Pflege · Ernährung · Entwicklung
(**0531**-8) Von A. Burkert, 96 S., 76 zweifbg. Zeichnungen, 22 s/w-Zeichnungen, kart. ●●

Babyfitneß
Massage, Spiele, Gymnastik und Schwimmen für Kinder im 1. Lebensjahr
(**1034**-6) Von G. Zeiß, 112 S., 179 zweifarbige Illustrationen, , kartoniert. ●●

Wenn Kinder krank werden
Medizinischer Ratgeber für Eltern
(**4240**-X) Von Dr. med. I. J. Chasnoff, B. Nees-Delaval, 232 S., 163 Zeichnungen, Pappband. ●●●

Keinen Mann um jeden Preis
Das neue Selbstverständnis der Frau in der Partnerbeziehung
(**4440**-2) Von Shere Hite, Kate Colleran, 208 S., Pappband. ●●●

Total verknallt ... und keine Ahnung?
Alles über Liebe, Sex und Zärtlichkeit
(**1024**-9) Von H. Bruckner, R. Rathgeber, 104 S., 38 Abbildungen, kartoniert. ●●

Sinnliche Liebe
Sex und Partnerschaft
(**4436**-4) Von Dr. A. Stanway, 160 S., 60 vierfarbige Illustrationen, , Pappband. ●●●●

Streicheleinheiten für Körper und Seele
Partnermassage
(**4444**-5) Von Chr. Unseld-Baumanns, 136 S., 145 Farbfotos, Pappband. ●●●●

Bildatlas des menschlichen Körpers
(**4177**-2) Von G. Pogliani, V. Vannini, 112 S., 402 Farbabb., 28 s/w-Fotos, Pappband. ●●●

Nahrungsmittelallergien
So ernähren Sie sich richtig!
(**0913**-5) Von Priv.-Doz. Dr. med. Dr. med. habil. J. von Mayenburg, Prof. Dr. med. Dr. phil. S. Borelli, E. Polster, 136 S., kart. ●●

Arteriosklerose
Risikofaktoren/Vorbeugung/Therapie
Richtige Ernährung bei erhöhtem Cholesterinspiegel.
(**1020**-6) Von Prof. Dr. med. G. Assmann, Dr. troph. U. Wahrburg, 192 S., 84 farb. Abb., 4 s/w-Zeichnungen, kartoniert. ●●●

Asthma
Pseudokrupp, Bronchitis und Lungenemphysem
Krankheitsbilder · Diagnose · Therapie
(**1126**-1) Von Prof. Dr. med. W. Schmidt, S. Ertelt, 152 Seiten, 110 zweifarbige Zeichnungen, kartoniert. ●●●

Diabetes
Krankheitsbild, Therapie, Kontrollen, Schwangerschaft, Sport, Urlaub, Alltagsprobleme. Neueste Erkenntnisse der Diabetesforschung. (**0895**-3) Von Dr. med. H. J. Krönke, 120 S., 4 Farbtafeln, 14 s/w-Fotos, 13 s/w-Zeichnungen, kartoniert. ●

Krampfadern
Ursachen, Vorbeugung, Selbstbehandlung, Therapieverfahren. (**0727**-2) Von Dr. med. K. Steffens, 112 S., 38 Abb., kartoniert. ●

Das moderne Hausbuch der Naturheilkunde
Neueste Erkenntnisse der Ganzheitsmedizin von Akupressur bis Zelltherapie.
(**4403**-8) Von G. Leibold, 448 S., 263 Farbzeichn., 15 s/w-Fotos, , Pappband. ●●●●●

Naturkosmetik
Die Grundlagen gesunder und natürlicher Hautpflege.
(**1080**-X) Von N. E. Haas, 120 S., 63 Farbabb., kartoniert. ●●

Die sanfte Art des Heilens
Homöopathie
Praktische Anwendung und Arzneimittellehre
(**4418**-X) Von J. H. P. Kreuter, 216 S., 49 Zeichnungen, Pappband. ●●●

Aromatherapie
Gesundheit und Entspannung durch ätherische Öle.
(**1131**-8) Von K. Schutt, 96 S., 40 zweifarbige Abbildungen, kartoniert. ●●

Heilatmen
Ein Weg zu Lebenskraft und innerer Harmonie
(**1047**-8) Von K. Schutt, 112 S., 57 zweifarbige Abb., kartoniert. ●●

Wetterfühligkeit
Vorbeugen und behandeln
Der Einfluß von Wetter und Klima auf Körper und Psyche.
(**0998**-4) Von Dipl.-Met. H. Trenkle, fachl. Beratung Prof. Dr. V. Faust, 120 S., 8 Farbtafeln, 31 zweifarbige Abbildungen und Tabellen, kartoniert. ●●

Bewährte Naturheilverfahren bei
Herz-Kreislauf-Erkrankungen
(**1084**-2) Von Dr. med. O. Wolff, G. Leibold, 104 S., kartoniert. ●

Risiko Herzinfarkt
(**1217**-9) Von Dr. C. Halhuber, Prof. Dr. M. J. Halhuber, 160 S., durchgehend zweifarbig, kart. ●●●

Krebsangst und Krebs behandeln
Mit einem Vorwort von Prof. Dr. med. Friedrich Douwes.
(**0839**-2) Von G. Leibold, 104 S., kartoniert. ●

Bewährte Naturheilverfahren bei
Krebs
(**1082**-6) Hrsg. H.-R. Heiligtag, 88 S., kartoniert. ●

Heilen mit Blütenenergien
nach Dr. Bach
(**1141**-5) Von J. Wenzel, ca. 96 S., kart. ●

Bewährte Naturheilverfahren bei
Migräne und Schlafstörungen
(**1081**-8) Von G. Leibold, Dr. med. H. Chr. Scheiner, 112 S., kartoniert. ●

Gesunder Schlaf
Schlafstörungen ohne Medikamente erfolgreich behandeln.
(**1036**-2) Von D. H. Alke, 88 S., 22 s/w-Abb., mit Audiokassette, kartoniert. ●●●

Natürliche Behandlungsmethoden bei
Rückenschmerzen
Massage · Gymnastik · Entspannung
(**4447**-X) Von Prof. Dr. med. H. Hess, K. Eder, H.-J. Montag, K. Schutt, 152 S., 168 Farbabbildungen, Pappband. ●●●

Bewährte Naturheilverfahren bei
Rückenschmerzen
mit Spezialthema Alta-Major-Methode
(**1140**-7) Von G. Leibold, ca. 96 S., kart. ●

Rheuma behandeln und lindern
Mit einem Vorwort von Dr. med. Max-Otto Bruker.
(**0836**-8) Von G. Leibold, 96 S., kartoniert. ●

Besser sehen durch Augentraining
Ein Gesundheitsprogramm zur Verbesserung des Sehvermögens.
(**0914**-3) Von K. Schutt, B. Rumpler, 96 S., 32 s/w-Zeichnungen, kartoniert. ●

So arbeitet das
Immunsystem
(**1253**-5) Von V. Friebel, I. Ledvina, A. Roßmeier, 192 S., durchgehend zweifarbig, kart. ●●●

Allergien behandeln und lindern
Mit einem Vorwort von Prof. Dr. med. Axel Stemmann.
(**0840**-6) Von G. Leibold, 96 S., 4 Zeichnungen, kartoniert. ●

Enzyme
Vitalstoffe für die Gesundheit
(**0677**-2) Von G. Leibold, 96 S., kartoniert. ●

Kneippkuren zu Hause
(**0779**-5) Von G. Leibold, 112 S., 25 Zeichnungen, kartoniert. ●

Besser leben durch Fasten
(**0841**-4) Von G. Leibold, 96 S., kartoniert. ●

Die echte Schroth-Kur
(**0797**-3) Von Dr. med. R. Schroth, 88 S., 2 s/w-Fotos, kartoniert. ●

Massagetechniken und Heilanzeigen
Reflexzonentherapie
(**4404**-6) Von G. Leibold, 128 S., 53 Farbzeichnungen, Pappband. ●●●

Akupressur zur Eigenbehandlung
(**0417**-6) Von G. Leibold, 112 S., 78 Abb., kartoniert.●

Shiatsu-Massage
Harmonisierung der Energieströme im Körper
(**0615**-2) Von G. Leibold, 196 S., 180 Abb., kartoniert. ●●●

Fußsohlenmassage
Heilanzeigen · Technik · Selbsthilfe
(**0714**-0) Von G. Leibold, 96 S., 38 Zeichnungen, kartoniert. ●

Entspannung und Schmerzlinderung durch
Massage
(**0750**-7) Von B. Rumpler, K. Schutt, 112 S., 116 zweifarbige Zeichnungen, kart. ●

Entspannung
(**0834**-1) Von Dr. Med. Chr. Schenk, 88 S., 29 Zeichnungen, kart. ●

Autogenes Training
Ein Programm zur Streßbewältigung
(**1278**-0) Von Dr. P. Kruse, B. Pavlekovic, K. Haak, 112 S., durchgehend zweifarbig, kart. ●●●

Erfolg und Lebensfreude durch
Autogenes Training und Psychokybernetik
(**1035**-4) Von D. H. Alke, 80 S., 2 s/w-Zeichnungen, mit Audiokassette, kartoniert. ●●●

Hypnose und Autosuggestion
Methoden · Heilwirkungen · praktische Beispiele. (**0483**-4) Von G. Leibold, 120 S., 9 Illustrationen, kart. ●●

Chinesisches Schattenboxen
Tai-Ji-Quan
für geistige und körperliche Harmonie
(**0850**-3) Von F.T. Lie, 120 S., 221 s/w-Fotos, 9 s/w-Zeichnungen, Beilage: 1 s/w-Poster mit zahlreichen Abbildungen, kart. ●●

Yoga für jeden
(**1277**-2) Von K. Zebroff, 144 S., Spiralbindung, durchgehend vierfarbig, kart. ●●●

Yoga
Weg zur Harmonie
(**4417**-8) Von A. Harf, W. von Rohr, 176 S., 171 Farbfotos, 12 s/w-Zeichnungen, Pappband. ●●●●

Yoga gegen Haltungsschäden und Rückenschmerzen
(**0394**-3) Von A. Raab, 104 S., 215 Abb., kartoniert. ●

Neue Rezepte für **Diabetiker-Diät**
Vollwertig · abwechslungsreich · kalorienarm
(**0418**-4) Von M. Oehlrich, 96 S., 8 Farbtafeln, kartoniert. ●

Diät bei Herzkrankheiten und Bluthochdruck
Rezeptteil von B. Zöllner
(**3202**-1) Von Prof. Dr. med. H. Rottka, 92 S., 4 Farbtafeln, kartoniert. ●●

Diät bei Erkrankungen der Nieren, Harnwege und bei Dialysebehandlung
Rezeptteil von B. Zöllner.
(**3203**-X) Von Prof. Dr. med. Dr. h. c. H. J. Sarre und Prof. Dr. med. R. Kluthe, 96 S., 33 Farbfotos, 1 s/w-Zeichnung, kartoniert. ●●

Richtige Ernährung wenn man älter wird
Rezeptteil von B. Zöllner
(**3204**-8) Von Prof. Dr. med. H.-J. Pusch, 96 S., 36 Farbfotos und 3 s/w-Zeichnungen, kartoniert. ●●

Diät bei Darmkrankheiten
Durchfall · Divertikulose, Reizdarm und Darmträgheit · einheimische Sprue (Zöllakie) · Disaccharidasemangel · Dünndarmresektion · Dumping Syndrom, Rezeptteil von B. Zöllner.
(**3211**-0) Von Prof. Dr. med. G. Strohmeyer, 88 S., 4 Farbtafeln, kartoniert. ●●

Diät bei Gicht und Harnsäuresteinen
Rezeptteil von B. Zöllner.
(**3205**-6) Von Prof. Dr. med. N. Zöllner, 112 S., 35 Farbtafeln, kartoniert. ●●

Diät bei Zuckerkrankheit
Rezeptteil von B. Zöllner (**3206**-4) Von Prof. Dr. med. P. Dieterle, 112 S., 42 Farbfotos, 4 vierfarbige Vignetten, 1 s/w-Zeichnung, kartoniert. ●●

Diät bei Störungen des Fettstoffwechsels und zur Vorbeugung der Arteriosklerose
Rezeptteil von B. Zöllner.
(**3208**-0) Von Prof. Dr. med. G. Wolfram, 102 S., 32 Farbfotos, kartoniert. ●●

Ballaststoffreiche Kost bei Funktionsstörungen des Darms
Rezeptteil von B. Zöllner.
(**3212**-9) Von Prof. Dr. med. H. Kasper, 96 S., 34 Farbfotos, 1 s/w-Foto, kart. ●●

Diät bei Krankheiten des Magens und Zwölffingerdarms
Rezeptteil von B. Zöllner
(**3201**-3) Von Prof. Dr. med. H. Kaess, 96 S., 35 Farbfotos, 1 s/w-Zeichnung, kartoniert ●●

Diät bei Krankheiten der Gallenblase, Leber und Bauchspeicheldrüse
Rezeptteil von B. Zöllner.
(**3207**-2) Von Prof. Dr. med. H. Kasper, 88 S., 35 Farbfotos, 1 s/w-Zeichnung, , kart. ●●

Diät bei Übergewicht
Rezeptteil von B. Zöllner.
(**3209**-9) Von Prof. Dr. med. Ch. Keller, 104 S., 42 Farbfotos, 3 s/w-Zeichnungen, kart. ●●

Garten und Tiere

Garten heute
Der moderne Ratgeber · Über 1000 Farbbilder. (**4283**-3) Von H. Jantra, 384 S., über 1000 Farbabb., Pappband. ●●●●

Helmut Jantras Gartenbuch
Obst · Gemüse · Blumen
(**4522**-0) Von H. Jantra, 200 S., 395 Farbfotos, 123 Farbzeichnungen, 25 Tabellen, Pappband. ●●

1000 ganz bewährte Garten-Tips
(**4453**-4) Von H. Jantra, 320 S., 288 zweifarbige und 62 s/w-Zeichnungen, , Pappband. ●●●

Obst, Gemüse, Blumen, Gras
Gärtnern macht den Kindern Spaß
(**4517**-4) Von U. Krüger, 96 S., 85 Farbfotos, 180 Farbzeichznungen, Pappband. ●●

Rosen
Auswahl · Pflege · Gestaltung
(**1183**-0) Von H. Jantra, 120 S., 200 Farbfotos, 20 Farbzeichnungen, 8 Bepflanzungspläne, kartoniert. ●●

Erfolgstips für den Obstgarten
Gesunde Früchte durch richtige Sortenwahl und Pflege
(**0827**-9) Von F. Mühl, 184 S., 16 Farbtafeln, 33 Zeichnungen, kartoniert. ●●

Erfolgstips für den Gemüsegarten
Mit naturgemäßem Anbau zu höherem Ertrag. (**0674**-8) Von F. Mühl, 80 S., 30 s/w-Fotos, 4 Zeichnungen, kartoniert. ●

Obstgehölze sachgemäß schneiden
(**1127**-X) Von P. G. Wilhelm, ca. 128 S., ca. 50 zweifarbige und 200 s/w-Zeichnungen, kartoniert. ●●

Erfolgreich gärtnern mit
Frühbeet und Folie
(**0828**-7) Von Dr. Gustav Schoser, 88 S., 8 Farbtafeln, 46 s/w-Fotos, kartoniert. ●

Gesunde Zierpflanzen im Garten
Krankheiten erkennen und behandeln. Mit neuen Diagnose-System.
(**4429**-1) Von Prof. Dr. G. Stelzer, 208 S., 456 Farbfotos, 5 s/w- und 5 Farbzeichnungen, Pappband. ●●●●

Erfolgreich gärtnern
durch naturgemäßen Anbau
(**4252**-3) Von I. Gabriel, 416 S., 176 Farbfotos, 212 Farbzeichnungen, Pappband. ●●●

Aktion Garten ohne Gift
Gesunde Umwelt durch natürlichen Pflanzenschutz.
Ein Praxis-Handbuch von E. Hoplitschek u. B. M. Tegethoff. (**4425**-9) 176 S., 250 Farbfotos, 35 Farb- und 29 s/w-Zeichnungen, Pappband. ●●●●

Neuanlage eines Biogartens
Planung, Bodenvorbereitung, Gestaltung
(**0721**-3) Von I. Gabriel, 128 S., 73 Farbfotos, 39 Zeichnungen, kartoniert. ●●

Gesunde Pflanzen im Biogarten
Biologische Maßnahmen bei Schädlingsbefall und Pflanzenkrankheiten.
(**0707**-8) Von I. Gabriel, 128 S., 126 Farbfotos, kartoniert. ●●

Kompost im Hausgarten
herstellen und anwenden
(**1258**-6) Von H. Abels, J. Jöstingmeier, ca. 30 zweifarbige Zeichnungen, kart. ●

Der biologische Zier- und Wohngarten
Planen, Vorbereiten, Bepflanzen und Pflegen
(**0748**-5) Von I. Gabriel, 128 S., 72 Farbfotos, 46 Farbzeichnungen, kartoniert. ●●

Natürlich gärtnern unter Glas und Folie
Anbauen und ernten rund ums Jahr
(**0722**-1) Von I. Gabriel, 128 S., 62 Farbfotos, 45 Farbzeichnungen, kartoniert. ●●

Dekorative Kübelpflanzen
Auswahl und Pflege
(**1074**-5) Von H. Jantra, 112 S., 180 Farbfotos, 35 Farbzeichnungen, kartoniert. ●●

Blütenpracht auf Balkon und Terrasse
(**0928**-3) Von M. Haberer, 88 S., 139 Farbfotos, kartoniert. ●●

Moderne Gartengestaltung
(**1255**-1) Von K. Greiner, A. Weber, 128 S., mit Rasterbogen und Planelementen zum Ausschneiden, ca. 120 Farbfotos, ca. 20 vierfarbige Pläne, kart. ●●●

Gestaltungsideen für
Schöne Gärten
(**4482**-8) Von H. Jantra, 168 S., 309 Farbfotos, 3 s/w-Fotos, , Pappband. ●●●●●

Der pflegeleichte Hausgarten
(**1170**-9) Von H. Jantra, 112 S., vierfarbige Abb., kart. ●●

Schöne Kräutergärten
(**1256**-X) Von H. Jantra, 112 S., vierfarbige Abb., kart. ●●

Kleingärten
Planen · Anlegen · Pflegen
(**1015**-X) Von H. Jantra, 88 S., 123 Farbfotos, 1 s/w-Foto, 14 Farbzeichnungen, , kart. ●●

Reihenhausgärten
Planen · Anlegen · Pflegen
(**1016**-8) Von H. Jantra, 104 S., 134 Farbfotos, 45 Farbzeichnungen, kart. ●●

Kletterpflanzen
Mit Sonderteil Dachbegrünung
(**4546**-8) Von U. Mehl, K. Werk, 128 S., ca. 150 Farbfotos, farbige und s/w-Zeichnungen, Pappband. ●●●●

Steingärten Wirkungsvoll gestalten und sachgerecht pflegen
(**4452**-6) Von A. Throll-Keller, 128 S., 203 Farbfotos, 56 Farbzeichnungen, Pappband. ●●●●

Gartenteiche, Tümpel und Weiher
naturnah anlegen und pflegen
(**1073**-7) Von Dr. F. Liedl, H. Goos, 80 S., 87 Farbfotos, 39 Farbzeichnungen, kart. ●●

Wasser im Garten
Von der Vogeltränke zum Naturteich · Natürliche Lebensräume selbst gestalten.
(**4230**-2) Von H. Hendel, P. Keßeler, 240 S., 315 Farbabb., 11 s/w-Fotos, Pappband. ●●●●●

Mein kleiner Gartenteich
planen · anlegen · pflegen
(**0851**-1) Von I. Polascheck, 144 S., 108 Farbabb. 6 s/w-Zeichnungen, kart. ●●

Pflanzen und Tiere für den Gartenteich
(**1171**-7) Von W. Costa, 128 S., 169 Farbfotos, 40 Farbzeichnungen, 8 Bepflanzungspläne, kartoniert. ●●

Wintergärten
Das Erlebnis, mit der Natur zu wohnen. Planen, Bauen und Gestalten.
(**4256**-6) Von LOG ID, 136 S., 130 Farbfotos, 107 Zeichnungen, Pappband. ●●●●

Rund ums Jahr erfolgreich gärtnern
Gewächshäuser
planen · bauen · einrichten · nutzen
(**4408**-9) Von Dr. G. Schoser, J. Wolff, 232 S., 368 Farbabb., 5 s/w-Fotos, Pappband. ●●●●●

Das moderne Handbuch **Zimmerpflanzen**
(**4416**-X) Von H. Jantra, 304 S., 766 Farbfotos, 64 Farb- und 19 s/w-Zeichnungen, Pappband. ●●●●

365 Erfolgtips für schöne Zimmerpflanzen
(**0893**-7) Von H. Jantra, 144 S., 215 Farbfotos, kartoniert. ●●

Dekorative Blattpflanzen
Auswahl und Pflege
(**1128**-8) Von H. Jantra, 128 S., 198 Farbfotos, 20 Farbzeichnungen, kartoniert. ●●

Prof. Stelzers grüne Sprechstunde
Gesunde Zimmerpflanzen
Krankheiten erkennen und behandeln. Mit neuem Diagnosesystem.
(**4274**-4) Von Prof. Dr. G. Stelzer, 192 S., 410 Farbfotos, 10 s/w-Zeichnungen, Pappband. ●●●●

Hydrokultur
Pflanzen ohne Erde – mühelos gepflegt.
(**0944**-5) Von H.-A. Rotter, 144 S., 167 Farbfotos, 13 Farbzeichnungen, kart. ●●

Gesunde Pflanzen in
Hydrokultur
(**1257**-8) Von H.-A. Rotter, ca. 80 S., ca. 60 s/w-Zeichnungen, ca. 8 Farbtafeln, kart. ●

Bonsai Japanische Miniaturbäume und Miniaturlandschaften. Anzucht, Gestaltung und Pflege.
(**4091**-1) Von B. Lesniewicz, 160 S., 106 Farbfotos, 46 s/w-Fotos, 115 Zeichnungen, gebunden. ●●●●●

Fibel für Kakteenfreunde
(**0199**-1) Von H. Herold, 102 S., 23 Farbfotos, 37 s/w-Abb. kartoniert. ●

Grzimek Juniors **BUNTE TIERWELT**
(**4295**-7) Von Chr. Grzimek, 208 S., 308 Farbfotos, Pappband. ●●●

Hunde
Rassen · Ausbildung · Pflege · Zucht
(**4118**-7) Von H. Bielfeld, 192 S., 222 Farb- und 73 s/w-Abb., Pappband. ●●●●

Das neue Hundebuch
Rassen · Aufzucht · Pflege (**0009**-X) Von W. Busack, überarbeitet von Dr. med. vet. A. H. Hacker und H. Bielfeld, 112 S., 8 Farbtafeln, 27 s/w-Fotos, 6 Zeichnungen, kartoniert. ●

Alles über Dackel, Teckel und Dachshunde
(**1079**-6) Von M. Wein-Gysae, 80 S., 46 Farbfotos, 2 zweifarbige Zeichnungen, kart. ●●

Hundeausbildung
Verhalten · Gehorsam · Ausbildung
(**0346**-3) Von R. Menzel, 88 S., 26 Fotos, kartoniert. ●

Grundausbildung für Gebrauchshunde
Schäferhund, Boxer, Rottweiler, Dobermann, Riesenschnauzer, Airedaleterrier, Hovawart und Bouvier.
(**0801**-5) Von M. Schmidt und W. Koch. 104 S., 8 Farbtafeln, 51 s/w-Fotos, 5 s/w-Zeichnungen, kartoniert. ●

Der Hund in der Familie
(**1014**-1) Von J. Werner, 128 S., 106 Farbfotos, kartoniert. ●●

Der Deutsche Schäferhund
(**1091**-5) Von U. Förster, 112 S., 47 Farbzeichnungen, 2 s/w-Fotos, kartoniert. ●●

Der Deutsche Schäferhund
Aufzucht · Pflege und Ausbildung
(**0073**-1) Von A. Hacker, 104 S., 56 Abbildungen, kartoniert. ●

Alles über junge Hunde
(**0863**-5) Von Dr. med. vet. E. M. Bartenschlager, 64 S., 49 Farbfotos, 6 Zeichnungen, kartoniert. ●

Richtige Hundeernährung
(**0811**-2) Von Dr. med. vet. E. M. Bartenschlager, 80 S., 51 Farbfotos, 4 Farbzeichn, kartoniert. ●●

Hundekrankheiten
(**1077**-X) Von Dr. med. vet. R. Spangenberg, 96 S., 44 Farb- und 1 s/w-Foto, 22 Farbzeichnungen, kartoniert. ●●

Von Ajax bis Zamperl
Die beliebtesten Hunde-Namen
(**1174**-1) Von H.-J. Schließke, ca. 80 S., kartoniert. ●

Katzen
Rassen · Verhalten · Pflege · Zucht
(**4158**-6) Von B. Gerber, 176 S., 294 Farb- und 88 s/w-Fotos, Pappband. ●●●

Das neue Katzenbuch
Rassen · Aufzucht · Pflege.
(**0427**-3) Von B. Eilert-Overbeck, 120 S., 14 Farbfotos, 26 s/w-Fotos, kartoniert. ●

Katzenkrankheiten
erkennen und behandeln
(**1078**-8) Von Dr. med. vet. R. Spangenberg, 104 S., 40 Farbfotos und 11 Farbzeichnungen, kartoniert. ●●

Junge Katzen
(**0862**-7) Von Dr. med. vet. E. M. Bartenschlager, 72 S., 40 Farbfotos, 4 Farbzeichnungen, kartoniert. ●

Pferde
(**4186**-1) Von H. Werner, 176 S., 196 Farb- und 50 s/w-Fotos, 100 Zeichnungen, Pappband. ●●●●

Reiten im Bild
(**0415**-X) Von H. Werner, 128 S., 142 Farbfotos, 107 Farbzeichnungen, kartoniert. ●●

Der Hobby-Imker
(**0978**-X) Von Dr. R. F. A. Moritz, 144 S., 106 zweifarbige Zeichnungen, kartoniert. ●●

Geflügelhaltung als Hobby
(**0749**-3) Von M. Baumeister, H. Meyer, 184 S., 8 Farbtafeln, 47 s/w-Fotos, 15 zweifarbige Zeichnungen, kartoniert. ●●

Sittiche und kleine Papageien
(**0864**-3) Von Dr. med. vet. E. M. Bartenschlager, 88 S., 84 Farbfotos, 9 Zeichnungen, kartoniert. ●●

Alles über Wellensittiche
(**1129**-6) Von H. Bielfeld, 64 S., 53 Farbfotos, 3 Zeichnungen, kartoniert. ●●

Alles über Kanarienvögel
(**0901**-1) Von H. Schnoor, 64 S., 58 Farbfotos und Zeichnungen, kartoniert. ●

Die Tiersprechstunde
Artgerechte Vogelfütterung im Winter
(**0908**-9) Von Dr. W. Keil, 64 S., 51 Farbfotos und Zeichnungen, kartoniert. ●

Süßwasser-Aquarium
(**4191**-8) Von H. J. Mayland, 288 S., 564 Farbfotos, 75 Zeichnungen, Pappband. ●●●●●

Die Tiersprechstunde
Gesunde Fische im Süßwasseraquarium
(**1013**-3) Von H. J. Mayland, 96 S., 73 Farbfotos, 10 Zeichnungen, kartoniert. ●●

Tiere im Wassergarten
(**0808**-2) Von Dr. med. vet. E. M. Bartenschlager, 96 S., 84 Farbfotos, 7 Zeichnungen, kartoniert. ●●

Die Tiersprechstunde
Alles über Zwerg- und Goldhamster
(**1012**-5) Von M. Mettler, 96 S., 96 Farbfotos, kartoniert. ●

Alles über Chinchillas und Degus
(**1130**-X) Von M. Mettler, 96 S., 80 Farbfotos, 3 Zeichnungen, kartoniert. ●●

Alles über Meerschweinchen
(**0809**-0) Von Dr. med. vet. E. M. Bartenschlager, 72 S., 43 Farbfotos, 11 Farbzeichnungen, kartoniert. ●●

Alles über Zwergkaninchen
(**1075**-3) Von M. Mettler,. 64 S., 52 Farbfotos, kartoniert. ●●

Reise

Streifzüge durch die deutsche Kulturgeschichte
(**4490**-9) Von L. von Saalfeld, Dr. D. Kreidt, U. Stöckel, A. Hürmer, 208 S., über 100 Farbfotos, 52 Lagepläne, Pappband. ●●●

Berlin
Die neue Metropole
(**1145**-8) Von R. Mader, 96 S., 116 Farbfotos, 15 hist. Landschafts- und Städteabbildungen, 1 Stadtplan, kartoniert. ●●

An der Ostseeküste in Mecklenburg
(**1137**-7) Von R. Mader, 96 S., 94 Farbfotos, 18 hist. Städte- und Landschaftsabbildungen, kartoniert. ●●

Der Thüringer Wald und die Dichterstädte
(**1135**-0) Von R. Mader, 96 S., 95 Farbfotos, 17 hist. Landschafts- und Städteabbildungen, kartoniert. ●●

Der Harz
(**1144**-X) Von R. Mader, 96 S., 100 Farbfotos, 17 hist. Städte- und Landschaftsabbildungen, kartoniert. ●●

Dresden
Barockperle an der Elbe
(**1134**-2) Von R. Mader, 96 S., 97 Farbfotos, 13 hist. Landschafts- und Städteabbildungen, 1 s/w-Foto, 1 aufklappbarer Stadtplan, kart. ●●

Vom Spreewald zur Lausitz
(**1136**-9) Von R. Mader, 96 S., 95 Farbfotos, 11 hist. Landschafts- und Städteabbildungen, 1 Panoramakarte, kartoniert. ●●

FALKEN Video
Reiseziel Berlin
(**6067**-X) VHS, ca. 60 Minuten, in Farbe, Kompaktreiseführer mit Panoramakarte im Taschenformat. ●●●●●*

FALKEN Video
Reiseziel USA
Der Südwesten mit LAS VEGAS und den schönsten Sehenswürdigkeiten in den ROCKY MOUNTAINS.
(**6055**-6) VHS, ca. 60 Minuten, in Farbe, Kompaktreiseführer mit Panoramakarte im Taschenformat. ●●●●●*

FALKEN Video
Info-Tour USA
Die Highlights aus dem FALKEN Reiseprogramm New York, Kalifornien, Florida und USA Süd-West.
(**6060**-2) VHS, ca. 30 Minuten, in Farbe. ●*

FALKEN Video
Reiseziel New York
(**6048**-3) VHS, ca. 60 Minuten, in Farbe, mit Begleitbroschüre. ●●●●●*

FALKEN Video
Reiseziel Florida
(**6054**-8) VHS, ca. 60 Minuten, in Farbe, Kompaktreiseführer mit Panoramakarte im Taschenformat. ●●●●●*

FALKEN Video
Reiseziel Kalifornien
San Francisco und die schönsten Ziele in Kalifornien.
(**6049**-1) VHS, ca. 60 Minuten, in Farbe, mit Begleitbroschüre. ●●●●●*

FALKEN Video
Reiseziel Hawaii
(**6063**-7) VHS, ca. 60 Minuten, in Farbe, Kompaktreiseführer mit Panoramakarte im Taschenformat. ●●●●●*

FALKEN Video
Reiseziel Malediven
(**6116**-1) VHS, ca. 60 Minuten, in Farbe, mit Kompaktreiseführer im Taschenformat. ●●●●●*

FALKEN Video
Reiseziel Thailand
Exotisches Bangkok, traumhafte Strände, berühmte Tempel und Paläste.
(**6065**-3) VHS, ca. 60 Minuten, in Farbe, Kompaktreiseführer mit Panoramakarte im Taschenformat. ●●●●●*

FALKEN Video
Reiseziel Hongkong
(**6087**-4) VHS, ca. 60 Minuten, in Farbe, mit Kompaktreiseführer im Taschenformat. ●●●●*

FALKEN Video
Reiseziel Info-Tour Fernost
Die Highlights aus den FALKEN Reisevideos Thailand, Bali, Hongkong
(**6094**-7) VHS, ca. 30 Minuten, in Farbe, mit Kompaktreiseführer im Taschenformat. ●●*

FALKEN Video
Reiseziel Kanarische Inseln
Schöne Strände, interessante Exkursionen.
(**6065**-5) VHS, ca. 60 Minuten, in Farbe, Kompaktreiseführer mit Panoramakarte im Taschenformat. ●●●●*

FALKEN Video
Reiseziel Barcelona
(**6115**-3) VHS, ca. 60 Minuten, in Farbe, mit Begleitbroschüre. ●●●●*

FALKEN Video
Reiseziel Florenz
(**6127**-7) VHS, ca. 60 Minuten, in Farbe, mit Kompaktreiseführer im Taschenformat. ●●●●*

FALKEN Video
Reiseziel Toscana
(**6074**-2) VHS, ca. 60 Minuten, in Farbe, mit Kompaktreiseführer im Taschenformat. ●●●●*

FALKEN Video
Reiseziel Rom
(**6076**-9) VHS, ca. 60 Minuten, in Farbe, mit Kompaktreiseführer im Taschenformat. ●●●●*

FALKEN Video
Reiseziel Venedig
(**6117**-X) VHS, ca. 60 Minuten, in Farbe, mit Kompaktreiseführer im Taschenformat. ●●●●*

FALKEN Video
Reiseziel Info-Tour Italien
Die Highlights aus den FALKEN Reisevideos Rom, Venedig, Toskana
(**6130**-7) VHS, ca. 60 Minuten, in Farbe, mit Kompaktreiseführer im Taschenformat. ●●*

FALKEN Video
Reiseziel Mallorca
(**6118**-8) VHS, ca. 60 Minuten, in Farbe, mit Kompaktreiseführer im Taschenformat. ●●●●*

FALKEN Video
Reiseziel Irland
Entdeckungsreise mit Boot und Planwagen, präzise Informationen, praktische Tips.
(**6059**-9) VHS, ca. 60 Minuten, in Farbe, mit Kompaktreiseführer im Taschenformat. ●●●●*

FALKEN Video
Reiseziel Norwegen
Rundreise zu den schönsten Fjorden, präzise Informationen, praktische Tips.
(**6058**-0) VHS, ca. 60 Minuten, in Farbe, Kompaktreiseführer mit Panoramakarte im Taschenformat. ●●●●*

Rat und Wissen

Der gute Ton
in Gesellschaft und Beruf.
(**0063**-4) Von I. Wolter, 80 S., 42 s/w-Fotos, 7 Zeichnungen, kartoniert. ●

Der gute Ton
im Privatleben.
(**1111**-3) Von I. Wolter, bearbeitet von Wolf Stenzel, 104 S., 42 s/w-Abbildungen, kartoniert. ●

Umgangsformen heute
Die Empfehlungen des Fachausschusses für Umgangsformen.
(**4015**-6) 252 S., 108 s/w-Fotos, 17 Zeichnungen, Pappband. ●●●

Benehmen bei Tisch
(**0988**-7) Von I. Cording, 80 S., 90 Farbfotos, 5 s/w-Zeichnungen, kartoniert. ●●

Krawatten
Fliegen, Schals und Tücher gekonnt binden
(**1072**-9) Von Y. Thalheim, H. Nadolny, 48 S., 129 Farbfotos, 1 s/w-Foto, Pappband. ●

freundin Ratgeber
Hochzeit feiern
(**4702**-2) Von C. von Hoerner-Nitsch, I. Weber, K. Riebartsch, C. von Bernuth, 128 S., 188 Farbfotos, 28 s/w-Fotos, Pappband. ●●●

Gedichte, Reden und Sketche
für grüne, silberne und goldene Hochzeitstage
(**1269**-1) Von F. Rieder, 160 S., durchgehend vierfarbig, Pappband. ●●

Wir heiraten
Ratgeber zur Vorbereitung und Festgestaltung der Verlobung und Hochzeit.
(**4188**-8) Von C. Poensgen, 216 S., 8 s/w-Fotos, 30 s/w-Zeichnungen, 8 Farbtafeln, Pappband. ●●●

Von der Verlobung zur Goldenen Hochzeit
(**0393**-5) Von E. Runge, 112 S., kartoniert. ●

Hochzeits- und Bierzeitungen
Muster, Tips und Anregungen.
(**0288**-2) Von H.-J. Winkler, mit vielen Text- und Gestaltungsanregungen, 116 S., 15 Abb., 1 Musterzeitung, kartoniert. ●

Die Silberhochzeit
Vorbereitung · Einladung · Geschenkvorschläge · Dekoration · Festablauf · Menüs · Reden · Glückwünsche. (**0542**-3) Von K. F. Merkle, 112 S., 41 Zeichnungen, kart. ●

Wie soll es heißen?
(**0211**-4) Von D. Köhr, 136 S., kartoniert. ●

Unsere beliebtesten Vornamen
(**1023**-0) Von A. F. W. Weigel, 160 S., 75 s/w-Fotos, Pappband. ●●

Kindergedichte, Lieder und Sketche für Hochzeitsfeiern
(**1112**-1) Von B. Lins, 72 S., 26 farbige Abbildungen, 15 Lieder, kartoniert. ●

Kindergedichte zur grünen, silbernen und goldenen Hochzeit
(**0318**-8) Von H.-J. Winkler, 104 S., 20 Abb., kartoniert. ●

Kindergedichte für Familienfeste
(**0860**-0) Von B. H. Bull, 96 S., 20 Zeichnungen, kartoniert. ●

Kindergedichte rund ums Jahr
(**1040**-0) Von A. Schweiggert, 80 S., 49 Zeichnungen, 6 Vignetten, kartoniert. ●

Ins Gästebuch geschrieben
(**0576**-8) Von K. H. Trabeck, 96 S., 24 Zeichnungen, kartoniert. ●

Der Verseschmied
Kleiner Leitfaden für Hobbydichter.
Mit Reimlexikon.
(**0597**-0) Von T. Parisius, 96 S., 28 Zeichnungen, kartoniert. ●

Die schönsten Volkslieder
(**0432**-X) Hrsg. D. Walther, 128 S., mit Noten und Zeichnungen, kartoniert. ●

Alte und neue
Wanderlieder
(**1268**-3) Von P. G. Walter, 96 S., zweifarbig, kart. ●●

Neue Glückwunschfibel
für groß und klein.
(**0156**-8) Von R. Christian-Hildebrandt, 96 S., 13 Vignetten, kartoniert. ●

Großes Buch der Glückwünsche
(**0255**-6) Hrsg. von O. Fuhrmann, 176 S., 77 Zeichnungen und viele Gestaltungsvorschläge, kartoniert. ●●

Wetter und Wind ändern sich geschwind
Beliebte Bauernregeln
(**1267**-5) Von G. Haddenbach, ca. 80 S., ca. 30 zweifarbige Illustrationen, kart. ●

Verse fürs Poesiealbum
(**0241**-6) Von I. Wolter, 96 S., 20 Abb., kart. ●

Heiter und besinnliche
Verse fürs Poesiealbum
(**1069**-9) Von B. H. Bull, 160 S., 70 zweifarbige Illustrationen, Pappband. ●●

Reden und Ansprachen
für jeden Anlaß. (**4009**-1) Hrsg. von F. Sicker, 454 S., gebunden. ●●●●

Die Kunst der freien Rede
Ein Intensivkurs mit vielen Übungen, Beispielen und Lösungen.
(**4189**-6) Von G. Hirsch, 232 S., 11 Zeichnungen, Pappband. ●●●

Festreden und Vereinsreden
Muster für alle Gelegenheiten
(**0069**-3) Von K. Lehnhoff, E. Ruge, 96 S., kartoniert. ●

Trinksprüche, Gästebuchverse, Richtsprüche
(**0224**-6) Von D. Kellermann, 96 S., kartoniert. ●

Glückwünsche, Toasts und Festreden zur Hochzeit
(**0264**-5) Von I. Wolter, 112 S., 18 Zeichnungen, kartoniert. ●

Reden zu Familienfesten
Musteransprachen für viele Gelegenheiten
(**0675**-6) Von G. Georg, 112 S., kartoniert. ●

Reden im Verein
Musteransprachen für viele Gelegenheiten
(**0703**-5) Von G. Georg, 112 S., kartoniert. ●

Reden zum Jubiläum
Musteransprachen für viele Gelegenheiten
(**0595**-4) Von G. Georg, 112 S., kartoniert. ●

Reden und Sprüche zu Grundsteinlegung, Richtfest und Einzug
(**0598**-0) Von A. Bruder, G. Georg, 96 S., kartoniert. ●

Die überzeugende Rede
Mehr Erfolg durch bessere Rhetorik
(**0076**-6) Von K. Wolter, G. Kunz, 96 S., kartoniert. ●

Moderne Korrespondenz
Handbuch für erfolgreiche Briefe
(**4014**-8) Von H. Kirst und W. Manekeller, 544 S., Pappband. ●●●●

Musterbriefe
für alle Gelegenheiten.
(**0231**-9) Hrsg. von O. Fuhrmann, 240 S., kartoniert. ●

FALKEN-Software
Musterkorrespondenz in Deutsch, Englisch, Französisch, Italienisch, Spanisch
(**7041**-1) Diskette 5 1/4″ für IBM-PC + Kompatible, mit Begleitbroschüre. ●●●●●*

(**7051**-9) Diskette 3 1/2″ für IBM-PC + Kompatible, mit Begleitbroschüre. ●●●●●*

Privatbriefe
Muster für alle Gelegenheiten.
(**0114**-2) Von I. Wolter-Rosendorf, 112 S., kart. ●

Erfolgstips für den Schriftverkehr
Briefgestaltung · Rechtschreibung · Zeichensetzung · Stil. (**0678**-0) Von U. Schoenwald, 112 S., kart. ●

Behördenkorrespondenz
Musterbriefe · Anträge · Einsprüche
(**0412**-5) Von E. Ruge, 112 S., kart. ●

Worte und Briefe der Anteilnahme
(**0464**-8) Von E. Ruge, 96 S., mit vielen Abb., kart. ●

Briefe zu Geburt und Taufe
Glückwünsche und Danksagungen. (**0802**-3) Von H. Beitz, 96 S., 12 Zeichnungen, kart. ●

Erziehungsgeld, Mutterschutz, Erziehungsurlaub
Das neue Recht für Eltern
(**0835**-X) Von J. Grönert, 144 S., kart. ●

Liebe ja – Ehe nein
Die nichteheliche Lebensgemeinschaft
(**1071**-0) Von T. Drewes, 104 S., 8 s/w-Zeichnungen, kartoniert. ●

Scheidung und Unterhalt
nach dem neuen Eherecht.
(**0403**-6) Von T. Drewes, 112 S., mit Kosten und Unterhaltstabellen, kart. ●

Alles, was man über Scheidung und Unterhalt wissen muß
(**1264**-0) Von T. Drewes, 128 S., kart. ●●

Alles, was man über Renten wissen muß
Mit Rentenreformgesetz 1992
(**1265**-9) Von K. Möcks, A. Schmitt, 112 S., kart. ●●

Wolfgang Büsers Erfolgstips
Rentenreform '92
(**1244**-6) Von W. Büser, 80 S., kart. ●

Wolfgang Büsers Erfolgstips
Teilzeitarbeit
(**1266**-7) Von W. Büser, 80 S., kart. ●

Testament und Erbschaft
Erbfolge, Rechte und Pflichten der Erben, Erbschafts- und Schenkungssteuer, Mustertestamente. (**4139**-X) Von T. Drewes, R. Hollender, 304 S., Pappband. ●●●

Der letzte Wille
Ratgeber für Erblasser, Erben und Hinterbliebene in Rechts-, Versorgungs- und Steuerfragen (**0939**-9) Von T. Drewes, 136 S., 9 s/w-Zeichnungen, kart. ●●

Mietrecht
Leitfaden für Mieter und Vermieter
(**0479**-6) Von J. Beuthner, 196 S., kart. ●●

Haushaltstips
praktisch und umweltfreundlich
(**1046**-X) Von K. Winkell, 96 S., 36 Zeichnungen, kartoniert. ●

Haushaltstips von A – Z
(**0759**-0) Von A. Eder, 80 S., 30 Zeichnungen, kartoniert. ●

Der Umweltfahrplan
Ein praktischer Ratgeber für Haushalt und Familie
(**1103**-2) Von K. Riedesser, hrsg. von der Aktionsgemeinschaft Umwelt, Gesundheit, Ernährung e.V., Hamburg, 144 S., 34 s/w-Zeichnungen, kart. ●

Wege zum Börsenerfolg
Aktien · Anleihen · Optionen
(**4275**-2) Von H. Krause, 252 S., 4 s/w-Fotos, 86 Zeichnungen, Pappband. ●●●●

FALKEN-Software
Börsenfieber
Spielend spekulieren mit Geld und Aktien
(**7016**-0) IBM-PC und Kompatible, Diskette 5 1/4", mit Begleitheft. ●●●●●*
(**7026**-8) für C 64/C 128 PC, mit Begleitheft
(**7027**-6) für Atari ST 520/1040, mit Begleitheft
(**7028**-4) für Amiga, mit Begleitheft
(**7044**-6) für IBM-PC + Kompatible, Diskette 3 1/2", mit Begleitheft.

FALKEN Software
Börsenfieber
über 100 neue Ereignisse
(**7066**-7) Diskette 5 1/4" für IBM–PC + Kompatible, mit Begleitbroschüre. ●●●*
(**7067**-5) Diskette 3 1/2" für IBM-PC + Kompatible, mit Begleitheft. ●●●*

FALKEN Software
Broker King
Cash und crash an der Terminbörse. Mit Warentermingeschäft und Optionshandel
(**7057**-8) Diskette 5 1/4" für IBM-PC + Kompatible, mit Begleitbroschüre. ●●●●●*
(**7058**-6) Diskette 3 1/2" für IBM-PC + Kompatible, mit Begleitbroschüre. ●●●●●*

Richtige Groß- und Kleinschreibung
durch neue, vereinfachte Regeln. Erläuterungen der Zweifelsfragen anhand vieler Beispiele.
(**0897**-X) Von Prof. Dr. Ch. Stetter, 96 S., kart. ●

Gutes Deutsch schreiben und sprechen
(**4432**-1) Von W. Manekeller, Dr. G. Reinert-Schneider, 416 S., durchgehend zweifarbig, Pappband. ●●●●

Mehr Erfolg in der Schule
Deutsche Rechtschreibung und Grammatik
Übungen und Beispiele für die Klassen 5–10.
(**4407**-0) Von K. Schreiner, 256 S., durchgehend zweifarbig, Pappband. ●●●●

Richtiges Deutsch
Rechtschreibung · Zeichensetzung · Grammatik · Stilkunde.
(**0551**-2) Von K. Schreiner, 128 S., 7 Zeichnungen, kart. ●

Besseres Deutsch
Mit Übungen und Beispielen für Rechtschreibung, Diktate, Zeichensetzung, Aufsätze, Grammatik, Literaturbetrachtung, Stil, Briefe, Fremdwörter, Reden.
(**4115**-2) Von K. Schreiner, 444 S., 7 s/w-Fotos, 27 Zeichnungen, Pappband. ●●●

Diktate besser schreiben
Übungen zur Rechtschreibung für die Klassen 4 bis 8
(**0469**-9) Von K. Schreiner, 152 S., 31 Zeichnungen, kartoniert. ●●

Deutsche Grammatik
Ein Lern- und Übungsbuch
(**0704**-3) Von K. Schreiner, 122 S., kart. ●

Aufsätze besser schreiben
Förderkurs für die Klassen 4 – 10
(**0429**-X) Von K. Schreiner, 144 S., 31 Abb., kartoniert. ●●

Mehr Erfolg in der Schule
Der Deutschaufsatz
Übungen und Beispiele für die Klassen 5 – 10.
(**4271**-X) Von K. Schreiner, 240 S., 4 s/w-Fotos, 51 Zeichnungen, Pappband. ●●●●

Mehr Erfolg in der Schule
Deutsch
Textinterpretation, Literaturgeschichte und Stilkunde
(**4483**-6) Von K. Schreiner, 272 S., 43 zweifarbige Zeichnungen, Pappband. ●●●●

Mehr Erfolg in der Schule
Mathematik 1
Arithmetik und Algebra. Übungen, Beispiele und Lösungen für die Klassen 5 bis 10.
(**4420**-8) Von R. Müller-Fonfara, 256 S., 193 Zeichn., 2 s/w-Fotos, Pappband. ●●●●

Mehr Erfolg in der Schule
Mathematik 2
Geometrie, Statistik, Wahrscheinlichkeitsrechnung und kaufmännisches Rechnen
(**4456**-9) Von R. Müller-Fonfara, W. Scholl, 256 S., 6 s/w-Fotos, 304 Zeichnungen, Pappband. ●●●●

Mathematische Formeln für Schule und Beruf
Mit Beispielen und Erklärungen.
(**0499**-0) Von R. Müller-Fonfara, 156 S., 210 Zeichnungen, kart. ●

Schülerlexikon der Mathematik
Formeln, Übungen und Begriffserklärungen für die Klassen 5 – 10
(**0430**-3) Von R. Müller-Fonfara, 176 S., 96 Zeichnungen, kart. ●

Mehr Erfolg in der Schule
Mathematik 4
Für die Klassen 11 bis 13
(**4701**-0) Von R. Müller-Fonfara, W. Scholl, ca. 240 S., durchgehend zweifarbig, ca. 110 Zeichnungen, Pappband. ●●●●

Mathematik-Textaufgaben leicht gelöst
Aufgaben · Lösungsstrategien · Anwendungsbeispiele
(**1022**-2) Von R. Müller-Fonfara, 128 S., 4 Zeichnungen, kartoniert. ●●

Rechnen aufgefrischt für Schule und Beruf.
(**0100**-2) Von H. Rausch, 144 S., kart. ●

FALKEN Software
Wirtschaftsrechnen in Beruf und Alltag
(**7037**-3) Diskette für IBM-PC und Kompatible, mit Begleitheft. ●●●●●*

Mehr Erfolg in der Schule
Physik
Mechanik · Wärmelehre · Optik · Elektrizität · Atomphysik
(**4448**-8) Von Dr. T. Neubert. 240 S., 219 Zeichnungen, Pappband. ●●●●

Physik verständlich
Förderkurs für die Klassen 7 bis 10
(**0926**-7) Von Dr. Th. Neubert, 136 S., 146 s/w-Zeichn., 166 Aufgaben, kart. ●●

Besseres Englisch
Grammatik und Übungen für die Klassen 5 bis 10.
(**0745**-0) Von E. Henrichs, 144 S., kart. ●●

Mehr Erfolg in der Schule
Englische Grammatik
Regeln und Übungen für die Klassen 5 bis 13
(**4431**-3) Von E. Henrichs-Kleinen, 256 S., durchgehend zweifarbig, Pappband. ●●●●

FALKEN Software
Business English for Secretaries
Lernen und üben in berufsbezogenen Situationen (**7035**-7) Diskette 5 1/4" für IBM-PC + Kompatible, mit Begleitbroschüre. ●●●●●*
(**7059**-4) Diskette 3 1/2" für IBM-PC + Kompatible, mit Begleitbroschüre. ●●●●●*

FALKEN Software
The Grammar-Master
Englische Grammatik üben und beherrschen
(**7002**-0) Diskette für den C 64/C 128 PC ●●●●*
(**7030**-6) Diskette für IBM-PC + Kompatible, mit Begleitheft. ●●●●●*
(**7031**-4) Diskette für Atari ST 520/1040, mit Begleitheft. ●●●●●*
(**7032**-2) Diskette für Amiga, mit Begleitheft. ●●●●●*

FALKEN-Software
Vokabeltrainer Englisch
Von B. Hoppius. (**7001**-2) 2 Disketten für C 64/C 128 PC mit Begleitheft. ●●●●●*
(**7007**-1) Wendediskette für Atari ST 520/1040, mit Begleitheft. ●●●●●*
(**7034**-9) Diskette 5 1/4" für IBM-PC + Kompatible, mit Begleitheft. ●●●●●*
(**7084**-5) Diskette 3 1/2" für IBM-PC + Kompatible, mit Begleitheft. ●●●●●*

FALKEN-Software
Vokabeltrainer Französisch
Über 2000 Vokabeln und Redewendungen frei erweiterbar
(**7018**-7) Systemdiskette u. Wendediskette für C 64/C 128 PC, mit Begleitheft (**7019**-5) Diskette 5 1/4" für IBM-PC und Komp., mit Begleitheft. ●●●●●*

FALKEN-Software
Je finis, tu finis … maitrisez la grammaire française
Französische Grammatik lernen und beherrschen
(**7053**-5) Diskette 5 1/4" für IBM-PC + Kompatible, mit Begleitbroschüre. ●●●●●*
(**7069**-1) Diskette 3 1/2" für IBM-PC + Kompatible, mit Begleitbroschüre. ●●●●●*

FALKEN-Software
Le monde des affaires en français
Wirtschaftsfranzösisch leicht gelernt
(**7064**-3) Diskette 5 1/4" für IBM-PC + Kompatible, mit Begleitbroschüre. ●●●●●*
(**7068**-3) Diskette 3 1/2" für IBM-PC + Kompatible, mit Begleitbroschüre. ●●●●●*

Besseres Französisch
Grammatik und Übungen für die Klassen 9 bis 11
(**1039**-7) Von R. Lübke, 114 S., durchgehend zweifarbig, kartoniert. ●●

Mehr Erfolg in der Schule
Französische Grammatik
Für die Klassen 7 bis 13
(**4703**-7) Von R. Lübke, ca. 256 S., durchgehend zweifarbig, Pappband. ●●●●

FALKEN-Software
Vokabeltrainer Italienisch
Über 2000 Vokabeln und Redewendungen frei erweiterbar.
(**7065**-9) Diskette 5 1/4" für IBM-PC + Kompatible, mit Begleitbroschüre. ●●●●●*
(**7064**-0) Diskette 3 1/2" für IBM-PC + Kompatible, mit Begleitbroschüre. ●●●●●*

FALKEN-Software
Vokabeltrainer Latein
Über 2000 Vokabeln und Redewendungen frei erweiterbar
(**7022**-5) Von B. Hoppius, Wendediskette für C 64/C 128 PC, mit Begleitheft. ●●●●●*
(**7033**-0) Diskette 5 1/4" für IBM-PC + Kompatible, mit Begleitheft. ●●●●●*
(**7085**-3) Diskette 3 1/2" für IBM-PC + Kompatible, mit Begleitheft. ●●●●●*

Schnell und sicher zum Führerschein
Tips und Tricks aus 30jähriger-Fahrschul-Praxis.
(**0921**-6) Von O. Einert, 152 S., 156 Farbfotos, 161 z.T. farb. Zeichnungen, kart. ●●

FALKEN-Software
Schnell und sicher zum Führerschein
Intensivtraining mit dem amtlichen Fragenkatalog
(**7024**-1) Diskette für ATARI ST 250/1040, mit Begleitheft ●●●●●*
(**7029**-2) Diskette für Amiga, mit Begleitheft. ●●●●●*

Der Test-Knacker bei Führerscheinverlust
(**1262**-4) Von T. Rieh, 128 S., kart. ●●

Erfolgreiche Bewerbung um einen Ausbildungsplatz
(**0715**-9) Von H. Friedrich, 128 S., kart. ●

Bewerbungsstrategien
Erfolgreiche Konzepte für Karrierebewußte
(**1027**-3) Von Dr. W. Reichel, 128 S., kartoniert. ●●

Karriereplanung mit System
Bewerbungsstrategien für erfolgsorientierte Frauen
(**4455**-0) Von R. Ibelgaufts, 144 S., 20 Cartoons, Pappband. ●●

Die Bewerbung
Der moderne Ratgeber für Bewerbungsbriefe, Lebenslauf und Vorstellungsgespräche.
(**4138**-1) Von W. Manekeller, 264 S., Pappband. ●●●

Die erfolgreiche Bewerbung
Bewerbung und Vorstellung
(**0173**-8) Von W. Manekeller, U. Schoenwald, 144 S., kartoniert. ●●

Lebenslauf und Bewerbung
Beispiele für Inhalt, Form und Aufbau
(**0428**-1) Von H. Friedrich, 112 S., kart. ●

Erfolgreiche Bewerbungsbriefe und Bewerbungsformen
(**0138**-X) Von W. Manekeller, U. Schoenwald, 88 S., kart. ●

Das überzeugende
Vorstellungsgespräch
Erfolgreiche Strategien für den ersten Eindruck
(**1261**-6) Von R. Ibelgaufts, ca. 144 S., kart. ●●

Vorstellungsgespräche
sicher und erfolgreich führen.
(**0636**-5) Von H. Friedrich, 144 S., kart. ●

Einstellungstests und andere Methoden der Bewerberauswahl
(**1263**-2) Von Dr. R. Hilke, H. Hustedt, ca. 128 S., kart. ●●

Keine Angst vor Einstellungstests
Ein Ratgeber für Bewerber.
(**0793**-6) Von Ch. Titze, 120 S., 67 Zeichnungen, kart. ●

FALKEN-Software
Einstellungstests
(**7013**-6) Von B. Hoppius, Wendediskette für C 64/C 128 PC, mit Begleitheft. ●●●●*

freundin Ratgeber
Neu um Job: So überzeugen Sie
(**1259**-4) Von G. Teusen, 160 S., kart. ●●

Die ersten Tage am neuen Arbeitsplatz
Ratschläge für den richtigen Umgang mit Kollegen und Vorgesetzten
(**0855**-4) Von H. Friedrich, 104 S., kart. ●

Zeugnisse im Beruf
richtig schreiben, richtig verstehen
(**0544**-X) Von H. Friedrich, 112 S., kart. ●

So lernt man leicht und schnell
Maschinenschreiben
Lehrbuch für Schulen, Lehrgänge und Selbstunterricht. (**0568**-7) Von M. Kempkes, 112 S., 48 Zeichnungen, kart. ●●

FALKEN-Software
Maschinenschreiben und Tastaturtraining für Computer
(**7009**-8) Von B. Hoppius, Diskette 5 1/4" u. 3 1/2" für IBM-PC + Kompatible, mit Begleitheit. ●●●●●*

Maschinenschreiben im Selbstunterricht
(**0170**-3) Von A. Fonfara, 88 S., kart. ●

Buchführung leicht gemacht
Ein methodischer Grundkurs für den Selbstunterricht (**4238**-8) Von D. Machenheimer, R. Kersten, 252 S., Pappband. ●●●●

Buchführung leicht gefaßt
Für Handwerker, Gewerbetreibende und freiberuflich Tätige. (**0127**-4) Von R. Pohl, 104 S., kart. ●

Stenografie leicht gelernt
im Kurus oder Selbstunterricht
(**0266**-1) Von H. Kaus, 64 S., kart. ●

Gitarre spielen
Ein Grundkurs für den Selbstunterricht
(**0534**-2) Von A. Roßmann, 96 S., 1 Schallfolie, 150 Zeichnungen, kart. ●●●

Das große Buch der
Antworten auf Kinderfragen
(**4477**-1) Von H. Hofmann, U. Kopp, G. Jankovics u.a., 192 S., 308 Farbzeichnungen, Pappband. ●●●

Das neue, farbige
Jugendlexikon
(**4472**-0) Von J. Frey, D. Rex, 304 Seiten, 269 Farb- u. 52 s/w-Fotos, 6 Farbzeichn., Pappband. ●●●●

Das große farbige Kinderlexikon
(**4195**-0) Von U. Kopp, 320 S., 493 Farbabb., 17 s/w-Fotos, Pappband. ●●●

Die Faszination der Philatelie
Briefmarken sammeln
(**4273**-6) Von D. Stein, 212 S., 124 s/w-Fotos, 24 Farbtafeln, Pappband. ●●●

Briefmarken sammeln
(**0481**-8) Von D. Stein, 120 S., 4 Farbtafeln, 98 s/w-Abbildungen, kartoniert. ●●

Umweltschutz
Das Öko-Testbuch zur Eigeninitiative
(**4160**-8) Von M. Häfner, 352 S., 411 Farbfotos, 152 Farbzeichnungen, Pappband. ●●●●

Umweltexperimente für Kinder und Jugendliche
(**4708**-8) Von F. Jantzen, ca. 80 S., ca. 100 farbige Fotos und Zeichnungen, Pappband. ●●

Münzen
Ein Brevier für Sammler.
(**0353**-6) Von E. Dehnke, 128 S., 4 Farbtafeln, 17 s/w-Abb., kart. ●●

Astronomie im Bild
Unser Sternenhimmel rund ums Jahr
(**0849**-X) Von Dr. E. Übelacker, 88 S., 48 Farbfotos, 1 s/w-Foto, 68 Farbzeichn., kart. ●●

Die Handschrift als Spiegel des Charakters
Graphologie
(**1025**-7) Von Dr. W. Busch, 104 S., 87 Schriftproben, kartoniert. ●

Familienforschung · Ahnentafel · Wappenkunde
Wege zur eigenen Familienchronik
(**0744**-2) Von P. Bahn, 128 S., 8 Farbtafeln, 30 Abbildungen, kart. ●●

Familienforschung und Wappenkunde
(**4485**-2) Von P. Bahn, 224 S., 114 zweifarbige Abbildungen, Pappband. ●●●●

freundin Ratgeber
Allein auf Achse
(**1260**-8) Von H. Guilino, 176 S., kart. ●●

Brain Building
Das Supertraining für Gedächtnis, Logik, Kreativität
(**4704**-5) Von M. vos Savant, 256 S., Pappband. ●●●

Traumdeutung
Die Bildersprache unserer Traumwelt entschlüsseln
(**4486**-0) Von G. Fink, 384 S., 74 zweifarbige Fotos, Pappband. ●●●●

Wahrsagen mit Tarot-Karten
(**0482**-6) Von E. J. Nigg, 112 S., 52 s/w-Abb., Pappband. ●

Die 12 Tierzeichen
Chinesisches Horoskop
(**0423**-0) Von G. Haddenbach, 88 S., kartoniert. ●

Die 12 Sternzeichen
Charakter, Liebe und Schicksal.
(**0385**-4) Von G. Haddenbach, 136 S., kart. ●

Partnerschaftshoroskop
Glück und Harmonie mit Ihrem Traumpartner.
(**0587**-3) Von G. Haddenbach, 112 S., 11 Zeichnungen, kart. ●

Im Zeichen der Sterne
(**0951**-8) Der feurige Widder
(**0952**-6) Der willensstarke Stier
(**0953**-4) Die vielseitigen Zwillinge
(**0954**-2) Der feinfühlige Krebs
(**0955**-0) Der königliche Löwe
(**0956**-9) Die zuverlässige Jungfrau
(**0957**-7) Die charmante Waage
(**0958**-5) Der leidenschaftliche Skorpion
(**0959**-3) Der temperamentvolle Schütze
(**0960**-7) Der treue Steinbock
(**0961**-5) Der selbstbewußte Wassermann
(**0962**-3) Die romantischen Fische
Von G. Haddenbach, 64 S., 35 Farbfotos, Pappband. ●

Humor und Unterhaltung

So feiert man Feste fröhlicher
Heitere Vorträge und Gedichte
(**0098**-7) Von Dr. Allos, 96 S., 15 Abb., kart. ●

Die große Lachparade
Neue Texte für heitere Vorträge und Ansagen
(**0188**-6) Von E. Müller, 80 S., kart. ●

Da lacht das Publikum
Neue lustige Vorträge für viele Gelegenheiten.
(**0716**-7) Von H. Schmalenbach, 96 S., kart. ●

Spielbare Witze für Kinder
(**0824**-4) Von H. Schmalenbach, 112 S., 30 Zeichnungen, kart. ●

Neue spielbare Witze für Kinder
(**1173**-3) Von H. Schmalenbach, 96 S., 31 Zeichnungen, kart. ●

Die besten Witze und Cartoons 8
(**1087**-7) Von F. Nikol, E. Zeller, 288 S., zahlreiche Cartoons, Pappband. ●●

Die besten Witze und Cartoons des Jahres 10
(**1206**-3) Zusammengestellt von S. Kieslich, 288 S., zahlreiche Abb., Pappband. ●●

Die besten Ostfriesenwitze
(**0495**-8) Von O. Freese, 80 S., 15 Zeichnungen, kart. ●

Spiele und Denksport

Neues Buch der siebzehn und vier Kartenspiele
(**0095**-2) Von K. Lichtwitz, 96 S., kart. ●

Alles über Pokern
Regeln und Tricks.
(**2024**-4) Von C. D. Grupp, 112 S., 29 Kartenbilder, kart. ●

Rommé und Canasta
in allen Variationen.
(**2025**-2) Von C. D. Grupp, 88 S., 24 Zeichnungen, kart. ●

Doppelkopf, Schafkopf, Binokel, Cego, Tarock und andere Stammtischspiele.
(**2015**-5) Von C. D. Grupp, 112 S., kart. ●

Black Jack
Regeln und Strategien des Kasinospiels.
(**2032**-3) Von K. Kelbratowski, 88 S., kart. ●

Spielend Skat lernen
unter freundlicher Mitarbeit des Deutschen Skatverbandes
(**2005**-8) Von Th. Krüger, 120 S., 181 s/w-Fotos, 22 Zeichn., kart. ●●

Patiencen
in Wort und Bild. (**2003**-1) Von I. Wolter-Rosendorf, 120 S., kart. ●

Neue Patiencen
(**2036**-8) Von H. Sosna, 160 S., 43 Farbtafeln, kart. ●●

Spielend Bridge lernen
(**2012**-0) Von J. Weiss, 96 S., 58 Zeichnungen, kart. ●

Spieltechnik im Bridge
(**2004**-X) Von V. Mollo und N. Gardener, deutsche Adaption von D. Schröder, 152 S., kart. ●●●

Neue Kartentricks
(**2027**-9) Von K. Pankow, 104 S., 20 Abb., kart. ●

Das japanische Brettspiel Go
(**2020**-1) Von W. Dörholt, 104 S., 182 Diagramme, kart. ●

Mah-Jongg
Das chinesische Glücks-, Kombinations- und Gesellschaftsspiel. (**2030**-9) Von U. Eschenbach, 80 S., 30 s/w-Fotos, 5 Zeichn., kart. ●

Backgammon
für Anfänger und Könner. (**2008**-2) Von G. W. Fink und G. Fuchs, 104 S., 41 Abb., kart. ●

Das Backgammon-Handbuch
(**4422**-4) Von E. Heyken, M. B. Fischer, 232 S., 400 Abbildungen, Pappband. ●●●●

Würfelspiele
für jung und alt. (**2007**-4) Von F. Pruss, 112 S., 21 s/w-Zeichnungen, kart. ●

Roulette richtig gespielt
Systemspiele, die Vermögen brachten.
(**0121**-5) Von M. Jung, 96 S., zahlreiche Tabellen, kart. ●

Spiele für Party und Familie
(**2014**-7) Von Rudi Carrell, 80 S., 22 Zeichnungen, kart. ●

Neue Spiele für Ihre Party
(**2022**-8) Von G. Blechner, 120 S., 54 Zeichnungen, kartoniert. ●

Lustige Tanzspiele und Scherztänze
für Partys und Feste.
(**0165**-7) Von E. Bäulke, 80 S., 53 Abb., kart. ●

Das Spiel mit der Schwerkraft
Jonglieren
Mit Bällen, Keulen, Ringen und Diabolo.
(**1009**-5) Von S. Peter, 80 S., 149 Farbfotos, kartoniert. ●

Magische Zaubereien
(**0672**-1) Von W. Widenmann, 64 S., 31 Zeichnungen, kart. ●

Zaubern
einfach – aber verblüffend.
(**2018**-X) Von D. Bouch, 84 S., 41 Zeichnungen, kart. ●

Scherzfragen, Drudel und Blödeleien
gesammelt von Kindern.
(**0506**-7) Hrsg. von W. Pröve, 80 S., 57 Zeichnungen, kart. ●

Tips, Tricks und Gewinnstrategien für Game-Boy-Spiele
(**1235**-7) Von René Zey, 176 S., 100 Zeichnungen, kart. ●●

Kinderspiele
die Spaß machen.
(**2009**-0) Von H. Müller-Stein, 104 S., 28 Abb., kart. ●

Kinderspiele mit Buchstaben und Wörtern
(**1041**-9) Von Dr. U. Vohland, 96 S., 53 Zeichnungen, kartoniert. ●

Spiel und Spaß am Krankenbett
für Kinder und die ganze Familie.
(**2035**-X) Von H. Bücken, 96 S., 97 Zeichnungen, kart. ●

Spiele im Freien
(**2038**-4) Von G. Wagner, 88 S., 20 zweif. Zeichnungen, kartoniert. ●

Spiel und Spaß zu Hause
(**2039**-2) Von U. Geißler, 80 S., 90 zweifarbige Abbildungen, kart. ●

Spiel und Spaß auf Reisen
Für Kinder und die ganze Familie
(**1085**-0) Von U. Geißler, 80 S., 107 zweifarbige Zeichnungen, kart. ●

Guten Tag, Kinder!
Neue Texte mit Spielanleitungen fürs Kasperletheater. (**0861**-9) Von U. Lietz, 96 S., 18 s/w-Zeichnungen, kart. ●

Kasperletheater
Spieltexte und Spielanleitungen · Basteltips für Theater und Puppen.
(**0641**-1) Von U. Lietz, 114 S., 4 Farbtafeln, 12 s/w-Fotos, 39 Zeichnungen, kart. ●

Kindergeburtstage, die keiner vergißt
Planung, Gestaltung, Spielvorschläge.
(**0698**-5) Von G. und G. Zimmermann, 104 S., 80 Vignetten, kart. ●

Kindergeburtstag
Vorbereitung, Spiel und Spaß.
(**0287**-4) Von Dr. I. Obrig, 136 S., 40 Abb., 11 Zeichnungen, 9 Lieder mit Noten, kart. ●●

Unvergeßliche Kinderfeste
Tolle Dekorationen, Spiele, Sketche für drinnen und draußen
(**4457**-7) Von Dr. G. Hennekemper, 192 S., 111 Farbfotos, 214 Farb- und 14 s/w-Zeichnungen, 4 Seiten Schnittmuster, Pappband. ●●●

Rätselspiele
Quiz- und Scherzfragen für gesellige Stunden
(**1270**-5) Von K. H. Schneider, ca. 80 S., ca. 80 s/w-Abb., kart. ●

Knobeleien und Denksport
(**2019**-8) Von K. Rechberger, 142 S., 105 Zeichnungen, kart. ●

Computerbücher und Software

FALKEN Computer Lexikon
(**4185**-3) 312 S., 173 s/w-Fotos, Pappband. ●●●

Desktop Publishing: Typografie und Layout Seiten gestalten am PC · für Einsteiger und Profis (**4330**-9) Von Dr. H. D. Baumann, M. Klein, 320 S., zahlreiche zweifarbige Abb., Pappband. ●●●●●

Einführung in Pascal
Garantiert Pascal lernen durch schrittweise Erarbeitung (**4329**-5) Von R. Röder, 270 S., durchgehend zweif., Pappband. ●●●●●

Einführung in C
(**4336**-8) Von A. Janka, P. Welzig, 270 S., zahlreiche Abbildungen, mit Begleitdiskette 5 1/4", Pappband. ●●●●●

PC HELP!
Systemkonfiguration für Windows-PCs
(**4371**-6) Von A. Görgens, ca. 96 S., durchgehend zweifarbig, kart. ●●

PC HELP!
Wissenschaftliche Texte mit Word 5.5
(**4360**-0) Von P. Vogel, ca. 96 S., durchgehend zweifarbig, kart. ●●

PC HELP!
Praktische Computerbenutzung mit Works 2.0
(**4369**-4) Von A. Görgens, ca. 96 S., durchgehend zweifarbig, kart. ●●

PC HELP!
DFÜ mit dem PC
(**4370**-8) Von M. Hofmann, ca. 96 S., durchgehend zweifarbig, kart. ●●